AF324575

LIBRAIRIE CENTRALE
D'AGRICULTURE ET DE JARDINAGE

FONDÉE EN 1853

16 Récompenses aux Expositions françaises

CATALOGUE GÉNÉRAL

AVIS IMPORTANT qu'on est prié de lire.

Les demandes de livres ne seront exécutées qu'autant qu'elles seront accompagnées d'un **mandat-poste.**

Les timbres-poste français et étrangers sont rigoureusement refusés.

Les commandes de 51 fr. et au-delà seront expédiées *franco,* et jouiront d'une remise de 10 p. 100.

Les ouvrages de **Droit,** de **Littérature ancienne et moderne,** de **Médecine,** de **Sciences diverses,** seront fournis aux mêmes conditions.

Il n'est fait aucune remise sur les abonnements aux journaux, et sur les reliures.

PARIS

AUGUSTE GOIN, ÉDITEUR ET COMMISSIONNAIRE
RUE DES ÉCOLES, 62, PRÈS DU MUSÉE DE CLUNY

La Librairie est fermée le dimanche et les jours fériés.

Bibliothèque de l'Agriculteur praticien

ncouragée par MM. les Ministres de l'Agriculture et du Commerce et de l'Instruction publique

Abeilles. Leur élevage par les procédés modernes. Pratique et théorie. par Georges DE LAYENS, 2ᵉ édit. 1 vol. in-18, orné de 31 figures. 1 50

Abeilles. Leur éducation, par Alexis ESPANET. In-18. 40 c.

Agriculture théorique et pratique basée sur la chimie agricole, par G. LECHARTIER. 1 vol. in-18. 4 fr.

Approuvé par la Commission des bibliothèques scolaires.

Agriculture moderne (*Lettres sur l'*), par J. LIEBIG. 1 vol. in-18. 3 50

Agriculteur praticien (*L'*). Revue de l'agriculture française et étrangère, publié depuis le 1ᵉʳ octobre 1853 jusqu'au 31 décembre 1872. 18 vol. in-8° ornés de figures dans le texte. Au lieu de 108 fr. 72 fr.

Agronomie. — Études théoriques et pratiques d'agronomie et de physiologie végétale, par Isidore PIERRE, doyen de la faculté des sciences de Caen. 4 vol. in-18. — 1ᵉʳ vol. *Sol, engrais, amendements.* — 2ᵉ vol. *Plantes fourragères, graines et produits dérivés.* — 3ᵉ vol. *Céréales.*—4ᵉ vol. *Plantes industrielles, recherches diverses.* 14 fr.

Chaque volume séparément 3 50

Approuvé par la Commission des bibliothèques scolaires.

Almanach de l'agriculteur praticien, années 1857 à 1873. 16 vol. in-18 avec de nombreuses fig. dans le texte.

Cette collection forme une véritable *Encyclopédie agricole*, elle est terminée par une table générale des matières. Prix de chaque année. 50 c.

Prix des 16 années prises ensemble. 6 50

Analyse des terres (*Manuel élémentaire pour l'*), des amendements, des engrais liquides et solides, des eaux d'irrigation; des fourrages, des tourteaux et d'autres substances destinées à l'alimentation des hommes et des animaux, par Isidore PIERRE. 2ᵉ édit. 1 vol. in-18 avec fig. 2 50

Approuvé par la Commission des bibliothèques scolaires.

Animaux domestiques, reproduction, amélioration et élevage, par DE WECKHERLIN. In-18. 2 fr.

Basse-Cour. — Poules, Oies, Canards, Pintades, Dindons, Pigeons, par le baron PEERS, 2ᵉ édit. 1 vol. in-18 et planches. 1 75

Bétail (*De l'alimentation du*), aux points de vue de la production, du travail, de la viande, de la graisse, de la laine, du lait et des engrais, par Isidore PIERRE, 4ᵉ édition. 1 vol. in-18. 2 50

Approuvé par la Commission des bibliothèques scolaires.

Bêtes ovines (*Traité des*), par WECKHERLIN. 1 vol. in-18. 3 50

Bêtes ovines (*Des*) **et des Chèvres**, par YSABEAU. 1 vol in-18. fig. 75 c.

Botte de foin (*La*). — Description des plantes qu'elle peut contenir et de celles qu'on n'y doit pas trouver, par MERCHE. 1 vol. in-18, orné de 99 figures dans le texte. (*Nouvelle édition en préparation*).

Chaux, Marne et Calcaires coquilliers. Leur emploi pour l'amendement du sol, par Isidore PIERRE, 2ᵉ édition. In-18. 50 c.

Chevaux, *Élevage, maladies, etc.*, (*Voir pages 15 et 16*).

Constructions rurales (*Manuel des*), par BONA. 4ᵉ édit. 1 vol. in-18 orné de 200 fig. 3 50

Cultivateur anglais (*Le*). Théorie et pratique de l'agriculture, par MURPHY, trad. de l'angl. sur la 5ᵉ édition, par SANREY. In-18. Fig. 1 50

Approuvé par la Commission des bibliothèques scolaires.

Dindons, Pintades, Oies, Canards, Cygnes, Paons, Faisans, Perdrix, Cailles et Collins, par Alexis ESPANET. 3ᵉ édit. arrangée par l'éditeur. 1 vol. in-18, orné de 13 figures dans le texte. 1 fr.

Drainage. Résumé d'un cours pour les cultivateurs, par HERNOUX, ingénieur. In-18. Fig. 1 fr.

Drainage. — Traité de drainage, ou Assainissement des terrains humides, par J. LECLERC. 3ᵉ édit. 1 vol. in-18 orné de 130 fig. 3 50

Engrais.—Traité des engrais (*Fumier de ferme, Engrais humain, Guano,*

CULTURE, MULTIPLICATION ET TAILLE
DU ROSIER

PAR UN AMATEUR

Rose cent feuilles.

PARIS

LIBRAIRIE CENTRALE D'AGRICULTURE ET DE JARDINAGE

RUE DES ÉCOLES, 62, PRÈS LE MUSÉE DE CLUNY

— Auguste GOIN, éditeur —

PRÉFACE

———

Dès mes débuts comme horticulteur-
amateur, j'ai eu fortuitement, entre les
mains, le *Traité complet sur les pépinières*
de Étienne Calvel, ouvrage qui date du
commencement de ce siècle.

Un des préceptes fondamentaux de ce
livre se résumait ainsi : « Propriétaires,
formez chez vous une pépinière, semez des
noyaux d'abricots, de pêches, d'amandes,
de prunes, des pépins de poires et de

pommes. Écussonnez l'année suivante ;
dix-huit mois après, vous aurez des **arbres**
tous venus, et la jouissance sera plus pré-
coce encore, si ces sujets n'ont pas été
transplantés, et que vous greffiez le sau-
vageon à la place où il est né.

« Les avantages qu'il y a à procéder
ainsi sont : 1° que le plant est élevé dans
les mêmes conditions que celles où il doit
vivre (*sol* et *air*) ; 2° qu'on est plus à même,
si on veut transplanter les sujets, de choisir l'époque à laquelle on les lèvera ;
3° qu'on enlèvera les plants au fur et à
mesure qu'on pourra les employer, et que,
de la sorte, ils ne se dessécheront pas et
reprendront avec beaucoup plus de facilité. »

Voilà ce que conseillait Calvel.

Ses raisonnements m'ont semblé judi-
cieux, j'ai suivi ses conseils autant que
mes occupations m'ont permis de le faire,

mais cela ne m'a pas empêché de payer, comme tout le monde, mon tribut aux pépiniéristes, parce que j'étais pressé de jouir.

Mais, combien me sont plus chers les élèves que j'ai formés moi-même!

Ce que je viens de dire pour les arbres fruitiers, est vrai pour beaucoup d'autres plantes, arbres, arbustes et arbrisseaux; et, pour ne parler que du rosier dont j'ai à m'occuper ici, il me semble que les boutures que j'ai faites l'année dernière, et qui émettent en ce moment leurs premières fleurs, me les donnent plus belles, plus gracieuses et plus parfumées que celles que rapportent les sujets sur lesquels ces boutures ont été prises.

Faites comme moi, et je suis certain que vous serez de mon avis, parce que nos enfants nous semblent toujours plus parfaits que les enfants des autres.

Il est inutile de dire ce qu'est le rosier, tout le monde connaît, et presque tout le monde possède, cette admirable plante qui fait l'ornement des plus beaux parcs, comme celui des plus modestes jardins.

Ce que je me propose d'exposer d'une manière simple, claire et à la portée de tout le monde, ce sont les procédés de culture et les divers modes de reproduction des variétés de rosiers que l'on rencontre le plus généralement dans les jardins.

Cette monographie n'est pas un travail original dont j'ai la prétention de m'attribuer le mérite ; je l'ai faite presque exclusivement sur les notes recueillies pour mon instruction dans les ouvrages de MM. Forney, Petit-Coq, de Corbehard, Decaisne et Naudin ; dans le *Nouveau jardinier illustré*[1] et dans le *Journal de vulgarisation de*

1. Un v. in-18 de 1760 pages, orné de 590 figures dans le texte. Prix, *franco :* 7 fr. — Auguste Goin, éditeur.

— 9 —

l'horticulture[1], publié par M. Vauvel, jardi-
nier-chef des pépinières du Muséum. Si
j'ai cru devoir publier ces notes, c'est
dans la pensée qu'elles pourraient être
utiles aux personnes qui n'ont pas le
loisir de lire les traités d'où elles ont été
extraites.

Il y a beaucoup d'autres ouvrages que
j'eusse pu utilement consulter pour rendre
ce travail plus complet; entre autres la
collection du *Journal des Roses*, mais j'au-
rais alors été entraîné à faire, au lieu de
cet opuscule, une monographie complète.

Après les ouvrages qui ont été publiés
par des spécialistes, un travail de ce genre
eût manqué d'intérêt, parce que je n'au-
rais pas eu qualité pour le faire, et il

1. Ce journal paraît une fois par mois. — Prix de
l'abonnement pour l'année : 6 francs. — On s'abonne
chez Auguste Goin, éditeur.

1.

n'aurait pas rempli le but que je me suis proposé.

Modeste amateur, j'ai écrit pour les personnes qui, comme moi, ne sont que de modestes amateurs.

Rosiers en massif ou corbeille bombée.

Plate-bande de rosiers.

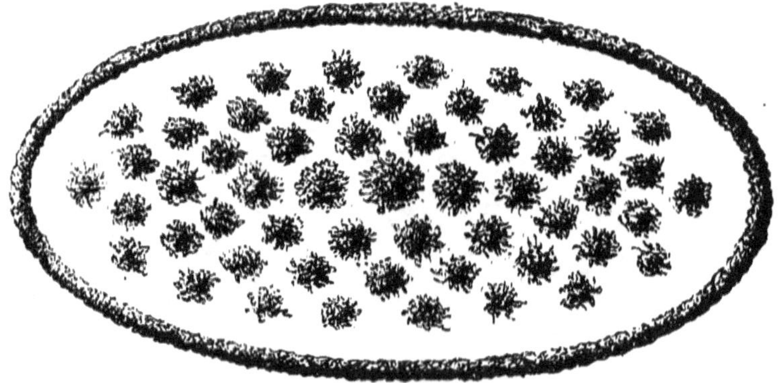

Rosarium ellipsoïde.

CULTURE, MULTIPLICATION ET TAILLE

DU

ROSIER

CHAPITRE Ier

NATURE DU SOL. — EXPOSITION. — ARROSEMENTS.

§ 1er. — **Nature du sol.**

Les rosiers s'accommodent de presque tous les terrains, sauf les terres fortes, argileuses, à sous-sol imperméable.

Les terres légères, meubles et fraîches (calcaires ou siliceuses), ayant 35 à 40 cent. de profondeur, leur conviennent très bien, lorsqu'on y ajoute un peu d'engrais, et pour cet usage, le fumier de vache, lent à se décomposer, est le meilleur à employer pour obtenir une belle floraison.

Les fumiers chauds, tels que les fumiers de porcs et de moutons, les gadoues ou les fumiers frais d'écuries, ne leur conviennent pas. Leur moindre inconvénient serait de pousser au développement du bois, mais ce qui est plus grave, c'est qu'ils déterminent la production du blanc aux racines, et leur pourriture. Il vaut mieux, lorsqu'on n'a pas de fumier de vache, employer le fumier épuisé qui provient de la destruction des couches.

La terre franche est celle qui leur convient le mieux, lorsqu'elle n'a pas été épuisée par une succession non interrompue de cultures (culture intensive); aussi, est-ce presque toujours dans des terres à blé que les spécialistes installent leurs pépinières.

Les terres pauvres doivent être amendées avec du terreau, terreau de fumier si ces terres sont légères, et terreau de feuilles si les terres sont un peu compactes.

Le sol destiné à la plantation des rosiers

doit être défoncé à 35 ou 40 cent. à l'automne pour les plantations du printemps.

Pendant tout le temps qu'il est occupé par des rosiers, le sol doit être tenu bien meuble et bien propre par des binages souvent répétés, mais faits superficiellement pour ne pas atteindre le chevelu des racines.

§ 2. — Exposition.

Toutes les expositions conviennent aux rosiers, mais cependant, certaines espèces, comme le *Géant des batailles*, demandent une exposition un peu ombragée, parce que leur coloris s'altère en plein soleil et tourne au violacé.

§ 3. — Arrosements.

Les rosiers n'ont généralement pas besoin d'être arrosés. Si le sol où on les cultive est tenu bien meuble, la rosée suffit à rafraîchir le sol. Il n'y a donc que dans les années excep-tionnellement sèches, que l'on pourrait avoir besoin de pratiquer de temps à autre de légers bassinages; il faut dans ce cas, faire en sorte de ne mouiller que le sol, autant que possible, et ne procéder à ces bassinages qu'avant le lever ou après le coucher du soleil, parce que les rosiers mouillés pendant que le soleil les chauffe, contractent facilement une maladie qu'on appelle *le blanc*.

Les nombreuses variétés de rosiers ont été classées suivant des principes assez différents par les auteurs qui se sont spécialement occu-pés de ces plantes. Je parlerai de ces diverses classifications à la fin de ce travail.

Dans la pratique, on divise les rosiers en deux catégories : les *rosiers francs de pied* et les *rosiers greffés*, qui diffèrent par leurs modes de reproduction et de culture. A la première catégorie, les francs de pied, appartiennent les rosiers obtenus par *semis*, par *boutures*, par *marcottes*, par *drageons* et par *séparation de touffes*; à la seconde, ceux que l'on *obtient par la greffe*.

CHAPITRE II

SEMIS. — BOUTURES. — COUCHAGE ET MARCOTTAGE.
DRAGEONS. — ÉCLATS. — GREFFES.

§ 1er. — Semis.

Ce mode de multiplication est employé pour obtenir des espèces nouvelles, et non pour propager des espèces déjà obtenues, les autres modes de multiplication étant, dans ce cas, bien préférables et plus rapides.

On récolte les baies quand elles sont d'un beau rouge, avant les gelées, vers la fin de novembre. On en extrait les graines, que l'on nettoie bien en les jetant dans l'eau. (Les mauvaises surnagent).

Sorties de l'eau, on laisse les graines se ressuyer, puis, on les sème sur couche dans un mélange de terre de bruyère et de terre franche, ou en terre de bruyère pure, et on recouvre de châssis pour garantir le jeune plant de la gelée.

Quelques praticiens préfèrent le semis fait sous cloches, et prétendent obtenir ainsi de meilleurs résultats.

Il arrive souvent que, pour garantir les semis de la dessiccation et du glaçage du sol qui devient trop compact pour permettre à la jeune plantule de se développer et d'émettre sa tige hors du sol, on le recouvre de mousse; ce procédé a été proscrit par beaucoup de praticiens, parce que la mousse reprend racine et nuit aux jeunes rosiers.

Pour éviter cet inconvénient, je n'emploie que de la mousse qui, après avoir été récoltée, est soumise dans une bassine à une ébullition prolongée dans l'eau, pour détruire les germes de la mousse.

Si on préfère semer en pleine terre, sans employer ni châssis ni cloches, il faut stratifier les graines, c'est-à-dire, les mettre lit par lit dans un pot, avec du sable fin, et mettre ce pot dans la cave pendant tout l'hiver. Lorsque les gelées ne sont plus à craindre, on sème les graines germées en pleine terre, on recouvre le sol de paillis, et on l'entretient frais par de légers bassinages.

Ces semis ont l'inconvénient d'être souvent bouleversés par les vers de terre et les courtillières. Contre les premiers, on peut employer les bassinages avec la décoction de feuilles de noyer; quant aux courtillières, il n'y a guère d'autre moyen de les détruire, que de les attraper; nous en reparlerons plus tard.

Pour éviter ces inconvénients, on a conseillé

Fig. 4. — Terrine à semis.

le semis en caisses ou en terrines, *fig.* 4. dans ce cas, on sème clair et on met les terrines ou

les caisses sous cloches ou sous châssis jusqu'en avril.

J'approuve d'autant plus cette idée des semis
en caisses, que, comme on le verra plus loin,
c'est également dans des caisses que je conseille de faire les boutures. On peut avoir d'oc-
casion, à très bas prix, des caisses très bonnes
pour ces usages, et l'avantage que j'y trouve,
c'est qu'elles laissent écouler l'eau en excédent,
et qu'elles s'opposent à l'accès de la vermine.
D'un autre côté, elles permettent de procéder
par tous les temps au repiquage ou au net-
toyage des plants, car il s'agit pour cela de
transporter les caisses sous un abri, s'il pleut,
et dans un endroit ombragé, si le soleil est
trop vif.

De quelque manière que l'on ait fait les semis,
il faut éviter le desséchement du sol où ils ont
été faits; on y arrive par de légers bassinages
que l'on renouvelle souvent, s'il fait chaud, et
en ombrant avec des claies destinées à inter-
cepter une partie de la lumière. Ces claies ne
doivent être conservées sur les semis, que tant
que le soleil peut les atteindre.

On transplante en pleine terre en mai, en espaçant les pieds de 5 ou 10 cent. ; on garantit pendant quelques jours le jeune plant de l'action du soleil, et on entretient le sol frais par de légers bassinages.

Les *Bourbons* et les *Bengales* obtenus de semis, fleurissent souvent la première année, les remontants la deuxième année, et les *Provins* et les *Cent feuilles* la troisième au plus tôt.

On transplante de nouveau en novembre, en espaçant les pieds à 15 cent.; cette distance se trouve augmentée par la suppression des sujets sans valeur. En effet, on doit, à mesure qu'on en constate la présence dans les sujets obtenus par le semis, supprimer les rosiers à feuilles petites, étroites, et ceux à fleurs simples ou mal faites. Je n'entrerai pas davantage dans le détail des soins très méticuleux de cette culture qui n'est pratiquée que par des spécialistes que n'arrêtent ni le temps employé, ni le travail dépensé, et qui espèrent être payés de leurs peines par l'obtention de quelque rose nouvelle.

Pour faire bien comprendre à quel point ce

genre de culture exige de peines et de patience, je dirai que ce n'est qu'au bout de quelques années, que l'on peut être fixé sur la valeur des sujets obtenus, et qu'il ne faut pas toujours juger les fleurs d'un semis par elles-mêmes, attendu, que c'est souvent la greffe qui en fixe et fait apparaître les caractères définitifs.

§ 2. — **Boutures.**

On appelle *boutures*, les diverses parties des végétaux non pourvues de racines, qui, détachées des plantes dont elles faisaient partie, et mises dans des conditions appropriées à leur nature, émettent d'abord des racines, puis des bourgeons, et forment à leur tour des plantes complètes comme celles sur lesquelles elles ont été prises[1]. »

Les boutures reproduisent en effet les plantes

1. CARRIÈRE, *Guide pratique du jardinier-multiplicateur.*

avec à peu près tous les caractères que possèdent celles dont elles proviennent.

Il est donc avantageux d'employer ce mode

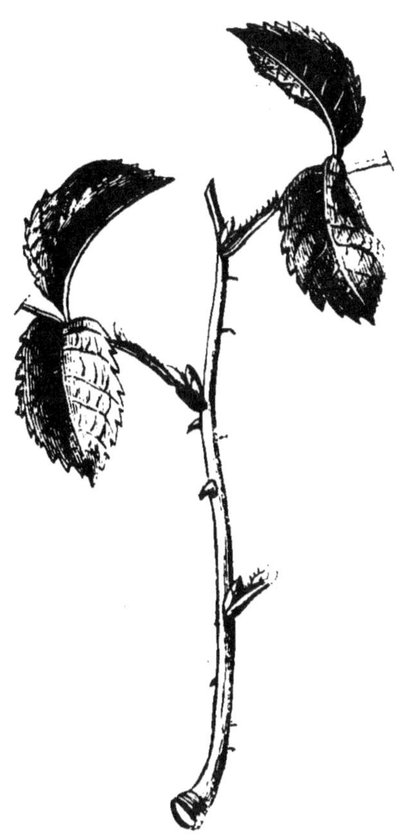

Fig. 5. — Bouture préparée avec talon.

de reproduction pour les plantes qui, comme
le rosier, ne donnent pas par le semis le type
d'où proviennent les graines.

Du reste, le bouturage a sur le semis l'avantage de donner beaucoup plus rapidement des plantes bonnes à mettre en place ou à livrer au commerce.

Tous les rosiers reprennent de boutures, mais ce sont surtout les espèces à bois tendre, telles que *Thés, Bengales, Noisettes, Bourbons*, quelques hybrides, ainsi que les espèces grimpantes, auxquelles ce mode de multiplication convient.

On doit faire les boutures de rosiers avec des rameaux développés au printemps et, autant que possible, pourvus du talon ou empattement, c'est-à-dire de la partie de la branche qui naît de l'ancien bois, *fig.* 5; il faut en outre ne choisir que les rameaux qui sont suffisamment aoûtés, ce que l'on reconnaît à la couleur de l'épiderme, qui n'a plus l'aspect herbacé.

Le bouturage se fait en été, à l'automne ou à l'entrée de l'hiver.

Bouturage d'été. — Il se fait en juin, en juillet et jusqu'au commencement d'août, pour diverses espèces de rosiers, telles que *Bengale*,

Bourbons, Sempervirens, Thés, Noisette et certaines hybrides. On choisit de préférence les brindilles florifères.

Ces boutures doivent ne pas être longues de plus de 10 à 12 cent. et avoir trois feuilles auxquelles on laisse seulement deux folioles à la base et quatre à la feuille supérieure. Il faut faire la section à la partie supérieure de la bouture, à 1 cent. et 1/2 ou 2 cent. au-dessus de la troisième feuille, et à un millimètre ou deux à la partie inférieure, en dessous de la première feuille s'il n'y a pas le talon.

Aussitôt détachées du pied mère, les boutures sont jetées dans l'eau pour empêcher la dessiccation des plaies qui viennent d'être faites aux deux extrémités. Ce soin, minutieusement observé, est la cause de la reprise beaucoup plus certaine des boutures.

Si on fait les boutures hors de chez soi, il faut les envelopper complètement, surtout aux deux extrémités, avec de la mousse humide ou du papier très mouillé, ou encore les mettre dans un pot contenant du sablon fin, bien mouillé ; par ces moyens, en entretenant l'humidité de leur enveloppe, les boutures se conserveront plusieurs jours en bon état.

Lorsque l'on a récolté un assez grand nombre de boutures, on les pique à la profondeur de 1 ou 2 cent., à 5 cent. les unes des autres, dans une plate-bande dont le sol, fumé plusieurs mois d'avance, a été mélangé avec 2 ou 3 cent. de sablon, et même plus, si la terre est compacte, puis, terreauté à la surface et battu légèrement pour pouvoir y tracer les rayons dans lesquels les boutures seront plantées.

Le sol doit être tenu frais par de légers bassinages que l'on continue jusqu'à la reprise.

Si les espèces de rosiers que l'on bouture ainsi sont délicates, on les abrite la nuit avec des cloches qu'on lève dans le jour.

Au bout de deux mois, ces boutures sont enracinées, on diminue les bassinages.

A l'automne, on plante ces boutures en pots que l'on enterre rez du sol, et on les couvre d'un châssis.

Au printemps suivant, on les met en pleine terre.

Bouturage d'automne. — Le bouturage d'automne est plus simple et d'une reprise plus certaine.

Il se fait comme le précédent, mais à mi-septembre, *sous cloches*, dans un lieu bien exposé au soleil, et dans un sol formé d'un mélange de terre de bruyère et de sablon.

Les boutures doivent avoir toutes un talon,

Fig. 6. — Bouture préparée.

fig. 6, et à la partie supérieure, une couple de feuilles auxquelles on conserve deux folioles. On donne de l'air de temps en temps et on garantit les cloches du soleil trop vif avec des paillassons, et des grands froids, avec des feuilles sèches et du paillis.

On peut les faire en pleine terre dans un endroit bien abrité des grands vents et du plein soleil, ou au pied d'un mur, au couchant, dans un emplacement préparé pour recevoir des coffres ou des cloches lorsque viennent les grands froids.

On peut également faire les boutures d'automne entièrement à l'air libre avec de bonnes pousses, préférablement celles qui ont fleuri.

Les boutures que l'on fait en pleine terre, doivent être plantées dans un terrain léger (mélange de terreau et de bonne terre sur un sous-sol perméable). On les fait avec des rameaux de l'année, autant que possible pourvus du *talon* ou empattement, auxquels on laisse une longueur de 12 à 15 cent., dont on supprime les feuilles et que l'on plante près à près, en ne laissant dépasser que deux ou trois bourgeons hors du sol.

On arrose après la plantation, on tient le sol

frais par des bassinages, et on abrite du soleil avec des paillassons.

On peut faire des boutures d'un œil. Dans ce cas, on coupe juste au-dessous de la feuille, dont on conserve toutes les folioles, mais en en retranchant la moitié, et on laisse 2 ou 3 cent. de bois en dessus. On les plante verticalement en les enterrant très peu.

On peut déjà faire en octobre, les boutures de *Manetti*, de *la Grifferaie* et d'*Indica major*, destinées à être greffées rez de terre l'année suivante.

Ces boutures doivent avoir 30 ou 35 cent.; on les met en jauge à peu de distance les unes des autres en les enterrant jusqu'à 5 cent. de leur sommité. Elles restent ainsi jusqu'à la mise en place au printemps. Alors, on n'emploie que celles qui ont fait des racines ou de forts bourrelets.

Bouturage d'hiver. — Cette bouture est la moins certaine, et elle est peu usitée par les rosiéristes commerçants, mais elle l'est davantage par les modestes amateurs, parce qu'elle permet d'utiliser les rameaux supprimés à la taille.

En novembre, on coupe des tronçons de rameaux bien aoûtés de 20 cent., en conservant le talon du rameau, ou en faisant la coupe immédiatement sous un œil. On enterre la bouture à mi-ombre dans un sol terreauté, en laissant sortir deux yeux hors de terre, et on couvre d'une cloche.

On met ces boutures à l'air libre, à la fin de mars.

Quand il fait froid, les cloches qui recouvrent les boutures doivent être garnies de fumier sec et de feuilles, et recouvertes de paillassons.

Repiquage des boutures d'automne et d'hiver. — Quand les froids ne sont plus à craindre, on lève ces boutures que l'on plante, *sans froisser les jeunes racines*, soit dans des pots de 8 à 10 cent. de diamètre, soit en pleine terre, pour attendre que les rosiers soient assez forts pour être mis en place.

La terre destinée à remplir les pots, doit être préparée avec de bonne terre de potager ou de la terre franche, mêlée d'un tiers de terreau de feuilles, le tout bien meuble, pour éviter qu'il reste des vides autour des racines. Ces pots sont enterrés rez du sol.

Si l'on fait la plantation en planches, le sol doit être également bien meuble. Dans ce cas, on plante les hybrides à 30 cent. les uns des autres ; les *Thés*, les *Bengales* et les *Ile Bourbon* à 20 cent., les *Noisettes* et les *multiflores* à 30 ou 40 cent., et les *nains* à 10 cent.

Le sol où l'on a planté les boutures, soit en pots, soit en pleine terre, doit être tenu bien propre, bien meuble et rafraîchi par des bassinages, qui doivent être plus fréquents si les jeunes rosiers ont été repiqués dans des pots.

Il me reste à parler de deux procédés de bouturage indiqués par M. Lachaume.

Boutures à froid du rosier Bengale. — A l'automne, avant les gelées, on coupe ces boutures, on les réunit en bottes que l'on met en jauge dans la cave, et que l'on repique au printemps en planche préparée comme il a été dit plus haut.

Boutures à chaud avec rameaux garnis de feuilles. — Ce genre de boutures indiqué par M. Lachaume, a beaucoup d'analogie avec les boutures d'été conseillées par M. Forney pour certaines espèces délicates, il n'en diffère que par le mode de traitement. M. Forney les fait à froid, tandis que celles-ci sont faites à chaud.

Ces boutures se font de la fin de juillet à la fin de septembre, et même en hiver. On partage chaque rameau en tronçons de trois feuilles, la coupe inférieure est parée à la serpette à un millimètre au-dessous d'un œil. On coupe une partie des folioles de la partie non enterrée, en laissant 1 cent. du pétiole.

On met une ou plusieurs boutures suivant la grosseur des pots ou godets, *fig.* 7, et l'on arrose, puis on place ensuite les godets sous des cloches dans la bâche de la serre à multiplication.

Quand les boutures sont enracinées, on les place dans des coffres, à froid, sous châssis, et on les garantit pendant l'hiver par des réchauds de fumier sec et des paillassons.

Fig. 7. — Godet à boutures.

Pendant l'hiver, les soins de propreté sont les seuls que nécessitent ces boutures ; il faut enlever les feuilles mortes, essuyer les cloches, et arroser quand besoin est.

Considérations générales sur les boutures. — Les boutures faites sous cloches semblent venir plus vite, mais leur reprise est moins certaine que celle des boutures faites à l'air libre, malgré leur bonne apparence de végétation, et cela, dit M. Lachaume, parce que dans les premières, la température du sol étant à 15°, celle de la cloche est à 25° ou 30°, et alors la sève tend à monter dans les bourgeons extérieurs, au lieu de séjourner dans les parties inférieures pour former des racines ; souvent, ces boutures se fanent et meurent ; et on constate qu'elles n'avaient pas de racines.

Au contraire, pour les boutures faites à l'air libre, la terre est encore chaude quand on les fait, et l'air extérieur assez frais ; la sève tend à rester dans les parties inférieures pour former des racines, et ces boutures ont au printemps une bien meilleure reprise de végétation.

Je crois devoir répéter ici ce que j'ai dit, page 20, en parlant des semis que j'ai conseillé de faire dans des caisses, car l'emploi de ces coffres peu coûteux, facilement transportables et susceptibles de recevoir un vitrage ou de contenir des cloches, convient encore mieux pour les boutures.

Dans ces caisses (celles dont je me sers ont 70 cent. de long, 50 cent. de large et 20 cent. de profondeur), l'eau en excédent s'écoule facilement, et la vermine y a difficilement accès, surtout, si on les pose sur quatre briques pour les isoler du sol.

Lorsqu'on veut abriter les boutures, on transporte les caisses dans un endroit convenable, et si on veut les repiquer, on le peut par tous les temps, en transportant les caisses sous un abri s'il pleut, ou dans un endroit ombragé si le soleil est trop vif.

Je conseille également, quand on aura des boutures à repiquer, de ne jamais se servir de plantoir ; cet instrument est pernicieux, il tasse et glace la terre dans laquelle les jeunes racines ont beaucoup de peine à pénétrer.

Je me sers pour les repiquages, d'un petit instrument ayant la forme d'une langue pointue, avec lequel j'ouvre le sol sans le comprimer et qui me sert à rabattre la terre et à l'ameublir autour de la bouture. Lorsque les boutures ont un chevelu assez abondant, je creuse un trou avec cet outil, en laissant au milieu un petit cône de terre bien meuble que je coiffe avec les racines que j'ai écartées à cet effet avec mes doigts, comme on le fait quand on plante des griffes d'asperges.

Ces détails peuvent paraître oiseux, et nécessiter beaucoup de temps pour être mis en pratique. C'est vrai. Mais je suis certain que les personnes qui procéderont comme je viens de le dire, s'en trouveront bien.

§ 3. — Multiplication par couchage et marcottage.

Il est admis en physiologie végétale, que le bourgeon qui naît de ce que l'on appelle un *œil*, contient tous les éléments nécessaires pour produire, suivant les conditions dans lesquelles on le place, soit une branche avec ses rameaux, soit des racines.

C'est le principe en vertu duquel se font les boutures.

Comme conséquence de ce même principe, si on couche dans le sol avoisinant un rosier, un certain nombre de branches, en en laissant saillir l'extrémité ; ou si on fait passer une branche de rosier au travers d'un pot à fleur

spécial, pot à marcottes, *fig.* 8, rempli de terre,
en laissant saillir une partie de la branche :

Fig. 8. — Pot à marcottes

les bourgeons ainsi enterrés, produiront des
racines au lieu de branches.

Dans le premier cas, on aura fait ce que la
plupart des auteurs appellent le *marcottage*, et
ce que M. Carrière nomme fort judicieusement
le *couchage*.

Dans le deuxième cas, on aura fait le véritable *marcottage* qui ne s'emploie que très
exceptionnellement pour le rosier, mais qui est
très usité pour la multiplication des œillets.

Cette explication était nécessaire pour faire comprendre la raison qui me fait dénommer ce paragraphe *Multiplication par couchage et marcottage*, au lieu de *Multiplication par marcottes*, qui est improprement employé par la plupart des auteurs.

Voici comment se pratique la multiplication par couchage :

On prépare autour du rosier-mère un terrain bien meuble, dans lequel on trace des tranchées de 5 à 6 cent. de profondeur, correspondant aux diverses branches que l'on veut coucher. On incline les branches de manière à leur faire atteindre ces tranchées, au fond desquelles on les fixe avec une petite fourche en bois, et on redresse aussi verticalement que possible, l'extrémité de la branche, *fig.* 9. Les yeux enterrés doivent être privés de leurs folioles dont on coupe l'onglet près de sa naissance.

Si la disposition du terrain ne permet pas de creuser des tranchées, on fixe la branche sur le sol, et on la recouvre d'un petit amas de terre de 5 à 6 cent. de hauteur.

Le sol où ont été faits les couchages, doit être paillé et tenu frais par des bassinages.

On pratique souvent pour les rosiers sarmenteux, le couchage avec entaille au rameau

Fig. 9. — Multiplication par couchage.

dans la partie enterrée. Dans ce cas, la partie enterrée est incisée transversalement sous un œil, au tiers de l'épaisseur de la branche, et on remonte l'incision dans le sens de la tige, de 3 cent. environ.

On fixe le rameau dans la tranchée avec des crochets, et on recouvre de 7 ou 8 cent. de terreau. Il faut arroser souvent pour tenir le sol toujours frais.

Les rameaux qui ont été soumis au couchage au printemps, doivent être pincés au bout de trois mois dans la partie qui sort de terre, pour hâter le développement des racines, et vers novembre, on les sèvre, c'est-à-dire on les sépare du pied-mère, et on les mets le plus souvent en pots et quelquefois en place, si, en les découvrant avec précaution, on constate qu'ils sont enracinés, dans le cas contraire, c'est-à-dire s'il n'y avait sur la coupe qu'un bourrelet charnu de formé, il faudrait attendre une année avant de les transplanter.

On fait aussi le marcottage dans les pots à marcottes, dont nous avons donné la figure, page 37, qui ne diffère pas de celui des tranchées, et qui offre l'avantage d'éviter de rempoter après le sevrage.

On emploie dans la grande culture, pour les variétés de rosiers qui reprennent difficilement de boutures (rosiers *bifères* ou *des quatre-saisons, Royal, Manetti, cent feuilles, pompon de Bourgogne* et quelques *Damas*), un mode de multiplication par buttage suivi de déchaussage, qui consiste à transformer les branches des rosiers-mères en véritables drageons.

Les pieds-mères doivent être francs de pied ou greffés rez de terre. On les plante en novembre, après avoir rafraîchi les racines, dans une tranchée, et on recouvre ensuite la terre, où ils ont été plantés, d'un lit de gadoue ou de terreau de couche.

Au printemps, on coupe rez de terre toutes les branches de ces rosiers, il se développe alors de nombreux bourgeons, à chaque binage on rehausse un peu les pieds-mères.

Au début du printemps de la deuxième année, on remplit les tranchées avec la terre des ados pour faire produire des racines au collet des jeunes rameaux.

On sarcle, on bine pendant l'été.

Au mois de novembre, on sèvre la marcotte en déchaussant le pied-mère, on coupe les rameaux en-dessous de la partie enracinée, en laissant au pied-mère un onglet garni de deux ou trois yeux, qui donneront, en les laissant pousser librement pendant une année, de nouvelles branches destinées à former de nouvelles marcottes, deux ans après.

Les marcottes ainsi obtenues, livrées au commerce sous le nom de *chénevottes*, sont empotées ou mises en pépinières. Elles servent pour les greffages, et donnent alors des rosiers nains qui drageonnent moins que ceux greffés sur églantiers.

§ 4. — Multiplication par drageons.

Il se développe sur les racines de certaines espèces de rosiers, des pousses souterraines, tendres, blanchâtres et charnues, qui, après s'être allongées horizontalement dans le sol, sortent de terre à une certaine distance du pied-mère, et forment des pousses vigoureuses qui ont leurs racines propres, et peuvent être déplantées pour former de nouveaux sujets.

C'est là ce que l'on nomme *drageons*.

Les drageons des rosiers francs de pied sont enlevés à l'automne, raccourcis à 35 cent. (tige et racines), plantés en ligne dans une plate-bande, et traités, dès lors, comme les boutures.

Les rosiers *pompons*, entres autres, qui reprennent difficilement de boutures, se multiplient facilement par les drageons qu'ils donnent.

§ 3. — Multiplication par éclats.

On fait également la multiplication des rosiers par éclats, en séparant les diverses branches-mères d'une touffe de rosiers, mais il faut faire en sorte que chaque portion ainsi séparée, conserve un certain nombre de racines.

Ce procédé est surtout usité pour les rosiers francs de pied qui drageonnent, tels que les *cent feuilles*, les *Provins*, les *pompons*, etc., parce qu'ils forment facilement de nouvelles touffes. On l'emploie également pour multiplier les rosiers des Indes qui ne drageonnent pas, lorsqu'ils ont plusieurs tiges que l'on sépare, en ayant soin, comme je viens de le dire, que ces éclats soient pourvus de racines.

Soins à donner aux jeunes plants. — De quelque manière qu'aient été obtenus les plants de rosiers, il est indispensable pour qu'ils prospèrent bien, que le sol où on les a plantés, soit toujours tenu bien meuble, dans un état absolu de propreté, et bassiné autant qu'il sera nécessaire, pour que le sol soit frais sans cependant être humide.

Pour les rosiers plantés en pots et mis en planche en mars, le sol doit être bien paillé avec du fumier court, pour empêcher la terre de se battre par les pluies et par les arrosements.

Pour donner de la vigueur aux jeunes plants, il est bon de supprimer tous les boutons à fleurs la première année. Ce procédé s'applique utilement aux rosiers destinés à être forcés l'hiver suivant, et à ceux qui sont malades.

§ 6. — Greffe.

J'adopte, en la spécialisant, la définition de la *greffe* donnée par M. Carrière dans son *Guide du jardinier-multiplicateur ;* la *greffe* est une opération qui a pour but de changer et de transformer la nature de certains rosiers, que l'on appelle les *sujets*, en implantant sur ces végétaux certaines parties d'autres rosiers, les *greffons*, qui possèdent les qualités que l'on veut obtenir.

Par la greffe, non seulement on transforme avantageusement certains sujets, mais encore, on fixe d'une manière durable, des types dont la reproduction serait difficile, pour certaines espèces de rosiers qui reprennent difficilement de bouture.

Les rosiers dont on veut conserver les caractères et que l'on veut multiplier se greffent : 1° sur les rosiers *Manetti*, de *la Griffraie* et *indica major*, quand la greffe doit être faite au ras du sol. J'ai dit à la fin du bouturage d'automne, comment on obtient ces *sujets;* 2° sur le rosier *quatre-saisons*, employé principalement pour les rosiers destinés à être forcés, parce qu'il se met facilement en sève; 3° sur églantier, lorsque l'on veut avoir des tiges plus ou moins élevées. C'est cette greffe que l'on pratique le plus communément, c'est d'elle dont je vais parler, mais ce que je dirai du mode opératoire s'applique également aux autres greffages.

L'*Églantier* (rosier sauvage), est un **sujet** très rustique, et il a l'avantage de former de belles tiges droites qui prennent en peu d'années un assez fort développement. Il en existe plusieurs variétés qui poussent, les unes dans les bois et le long des haies, et les autres dans les champs, dans les terrains incultes.

On peut commencer en septembre l'arrachage des églantiers, et continuer cette récolte jusqu'en novembre, et même jusqu'en janvier, s'il ne gèle pas.

Si on fait la récolte en septembre, comme il fait encore chaud et souvent sec, il est nécessaire de mouiller les églantiers et de les abriter ; mais il vaut mieux ne commencer la récolte qu'après la mi-octobre, et même après qu'une première gelée assez forte et de courte durée a complètement suspendu la marche de la sève, parce que les églantiers arrachés en sève se rident de suite, et reprennent difficilement leur vitalité.

Les tiges de deux ans sont les plus convenables, elles sont de la grosseur du doigt, et leur écorce est lisse, à fond verdâtre strié de gris.

Il faut avoir soin de laisser les racines des églantiers le moins longtemps possible à l'air, de les mettre de suite en jauge, et de les mouiller vigoureusement. On les préserve du hâle avec de la paille ou des paillassons.

En novembre, et même plus tard s'il ne gèle pas, on *habille* les églantiers. Cette opération consiste à couper d'une section nette, avec l'instrument représenté *fig*. 10. les racines qui ont été plus ou moins meurtries lors de l'arrachage ; à retrancher le plus près possible les *racines gourmandes*, c'est-à-dire, celles qui semblent vouloir produire des drageons, ce que

l'on reconnaît à leur aspect charnu et blanchâtre, et à leur tendance à se redresser pour sortir
du sol ; à supprimer le *chicot* de vieilles racines
qui est à la base, mais en ayant soin de ne pas
endommager l'écorce du sujet ; à raccourcir la
tige de l'églantier à la longueur que l'on juge

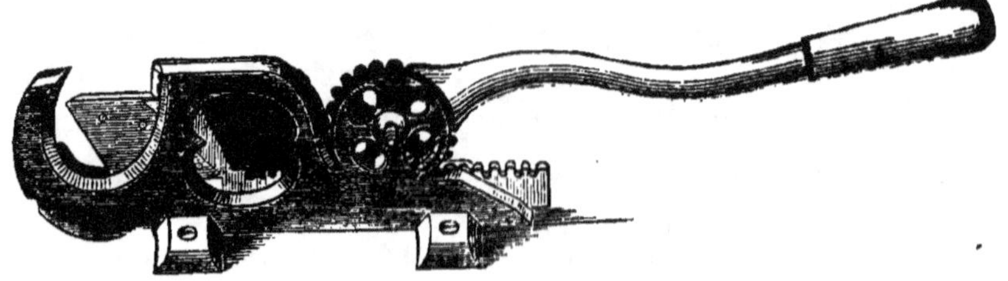

Fig. 10. — Habilleur.

convenable, en évitant de donner à ces sujets,
des longueurs exagérées qui sont souvent per-
nicieuses, car, ainsi que le disait Vibert, il faut
se rappeler, que plus la tige de l'églantier est
basse, plus le sujet a de force et de durée.

Ces opérations terminées, il faut praliner les
racines en les trempant dans une bouillie claire
faite avec du terreau délayé dans l'eau, après
quoi, on couche les églantiers en jauge au ras
du sol.

Les églantiers ainsi préparés, sont laissés en

jauge jusqu'à ce que le temps soit favorable à la plantation, et mis en place dès que le temps est beau, la terre bien ressuyée, et que les gelées ne sont plus à craindre.

On les plante alors en pépinière en espaçant les pieds de 50 à 60 cent., dans un sol bien labouré, fumé de l'année précédente.

Le sol où on aura fait cette plantation, devra être tenu bien meuble par des binages, et débarrassé des mauvaises herbes. On se trouvera bien de recouvrir le sol d'une couche de terreau de vieille gadoue, qui se mêlera à la terre au moment de la plantation : par ce moyen, on stimulera la formation du nouveau chevelu.

En avril, on ébourgeonne les tiges de ces églantiers pour faire développer les branches situées le plus près possible de la tête des sujets, et sur lesquelles on pratiquera le *greffage*.

En mai, on coupe ras avec un greffoir, tous les yeux d'entrefeuilles qui se montrent à la base des branches destinées à être écussonnées en juillet-août. On enlève également les épines qui gêneraient pour la pose des greffes.

En juillet, on prépare les églantiers qui seront greffés à œil dormant en août. Cette préparation consiste en binages, et au besoin, en arrosages destinés à favoriser le développement des rameaux appelés à recevoir la greffe, et surtout, à les conserver en sève.

Il ne faut pas garder plus de deux ou trois bourgeons destinés à être greffés, les autres doivent être supprimés.

Il y a plusieurs sortes de greffes, mais je ne parlerai que des deux plus usitées, la greffe en fente, et la greffe en écusson. On pratique également sur le rosier, la greffe chinoise ou en placage perfectionnée, la greffe à double entaille, la greffe herbacée, la greffe sur boutures, et la greffe sur racines. On trouvera des détails sur ces diverses sortes de greffes, dans les livres que j'ai indiqués au commencement de cet ouvrage.

Greffe en fente. — Elle consiste à fendre la tige du sujet et à y insérer le greffon qui, dans ce cas, consiste en une portion de branche portant deux ou trois yeux, et terminée par un biseau que l'on introduit dans la fente du sujet.

La reprise de cette sorte de greffe est difficile sur le rosier, parce que son bois moelleux ne se soude pas comme celui des arbres fruitiers, et aussi, en raison de la facile désorganisation de la moelle des rosiers.

Peut-être, si l'on en juge par la reprise facile des greffes en écusson qui n'intéressent que l'écorce du sujet, réussirait-on mieux en employant la greffe en couronne perfectionnée de Dubreuil.

La greffe en fente n'est guère usitée que par les horticulteurs, pour obtenir rapidement des rameaux propres à la multiplication d'espèces nouvelles, car cette greffe n'est pas de longue durée, elle se décolle, et périt au bout de quelques années.

Elle se fait à l'air libre ou en culture forcée. Ces deux greffes ne diffèrent que par l'époque à laquelle on les fait.

A l'air libre. — Elle se fait depuis mars jusqu'en avril. Elle a plus de chance de réussite

que celle qui est faite pendant le repos de la
sève.

Forcée. — Elle se pratique en hiver, pendant
le repos de la sève dont le mouvement est
activé par la chaleur artificielle.

Le choix des rameaux destinés pour la greffe
en fente, est d'une importance majeure, ils
doivent être bien constitués, aoûtés, et être
coupés en janvier ou février. On les réunit en
bottes que l'on met en jauge dans une plate-
bande, au pied d'un mur, au nord.

La meilleure partie du rameau est le premier tiers à partir du bas ; la grosseur la
plus convenable est de 4 à 6 millimètres.

Greffe en écusson. — Elle est ainsi nommée
de la forme du lambeau d'écorce, muni d'un
œil, dont on se sert pour la pratiquer, parce
qu'il ressemble à un petit écusson d'ar-
moirie.

Elle consiste à détacher, avec la lame d'un
greffoir, *fig.* 11, sur un rameau d'une espèce

que l'on veut multiplier, un fragment d'écorce muni d'un œil que l'on insère sur un sujet auquel on a pratiqué une incision en forme de T, *fig.* 12, afin de pouvoir soulever l'écorce avec

Fig. 11. — Enlèvement de l'écusson.

la spatule du greffoir pour y introduire l'écusson.

Cette opération ne peut être faite que lorsque les rosiers sont en sève, mais les résultats sont différents suivant que l'on opère en *été* ou en **automne**.

Dans le premier cas, l'œil peut se développer de suite en bourgeon, c'est la *greffe à œil poussant;* elle se fait en mai, juin ou juillet.

Souvent, ces greffes fleurissent avant la fin

Fig. 12. — Écusson mis en place.

de l'été, mais souvent aussi, les pousses ont de la peine à s'aoûter, et elles sont détruites à l'hiver.

Dans le second cas, lorsque la greffe est

faite à l'automne, l'œil ne pousse qu'au prin
temps, c'est la *greffe à œil dormant*.

Elle se fait à la fin du jour, si on a des
greffes assez mûres, en juillet, août et même
jusqu'à la fin de septembre, suivant les années, bien que quelques praticiens disent
qu'on ne peut la faire, au plus tard, qu'à la fin
d'août.

Cette greffe est préférable pour les espèces
sensibles au froid.

Il faut saisir le moment où la sève s'épais-
sit, sans attendre, cependant, que l'écorce se
décolle difficilement d'après les bois.

Il importe de bien choisir les rameaux sur
lesquels on doit *lever les écussons*. Il faut que
les yeux soient bien constitués, ronds ; ceux
allongés, terminés en pointe, ne sont pas bons
pour la reprise, surtout dans la catégorie des
Bourbons.

Les rameaux destinés à recevoir les greffes,
doivent être bien aoûtés.

Il est inutile de *vider l'œil* des écussons,
c'est-à-dire, d'enlever le bois qui aurait pu être
détaché avec l'écusson, à moins qu'il n'y en

ait trop, ce qui empêcherait l'application exacte de l'écusson sur le bois du sujet.

On se sert aujourd'hui de la *laiche* (*Sparganium erectum*, de la famille des *Typhacées*), pour maintenir les écussons sur les sujets; moi, je me sers depuis longtemps, de la lisière des flanelles légères dont on confectionne les gilets; cette lisière dure plus longtemps qu'il n'est nécessaire, elle s'applique facilement, elle est élastique, et elle se pénètre très facilement des mastics à greffer, lorsque leur emploi est nécessaire.

Il faut avoir soin de ne pas trop serrer les ligatures pour ne pas écraser l'écusson.

On peut, en septembre, si les sujets sont en sève, les écussonner de nouveau pour remplacer les écussons qui n'auraient pas réussi.

Il est bon de poser deux écussons sur deux rameaux opposés; il y a bien des chances que, sur les deux, il n'y en ait pas un dont la reprise soit certaine.

On retire les ligatures quinze ou vingt jours après l'écussonnage, dans la greffe à *œil pous-*

sant, et au printemps seulement, pour la greffe à *œil dormant*.

On retranche, au ras de la tige, tous les gourmands qui peuvent se produire sur les sujets greffés.

Dans la greffe à *œil poussant*, on coupe le bourgeon né de l'œil greffé, lorsqu'il a atteint 12 à 15 cent. Ce pinçage doit être fait quand la pousse est à l'état herbacé.

Dans la greffe à *œil dormant*, il ne faut pas couper le rameau né du greffon, on le renverse en l'arquant, et on le fixe sur le corps du sujet pour le préserver des accidents que pourrait déterminer leur rupture ; ce n'est qu'au printemps suivant qu'on le coupe, suivant les principes de la taille.

Il ne faut pas, comme on le fait quelquefois, couper les rameaux de l'églantier sitôt après la pose des écussons ; on doit, au contraire, conserver ces rameaux que l'on attache, en les arquant, comme on peut le voir, *fig.* 13, après la tige, huit jours avant l'écussonnage ; ils sont destinés à appeler, à la tête du sujet, la sève, dont une partie se porte sur la greffe.

Quand le rameau né de l'écusson a atteint

Fig. 13. — Églantier écussonné.

25 cent., on taille à deux ou trois yeux, les

rameaux de l'églantier nés au-dessus de l'écusson. Les bourgeons qui naîtront de ces yeux
de l'églantier seront pincés quand ils auront
20 cent., et quand la greffe aura formé une
petite tête, on les supprimera complètement.

CHAPITRE III

§ 1er. — **Plantation et entretien.**

D'une plantation bien faite, dépend la vigueur et la durée des rosiers.

Il faut, pour que les rosiers poussent bien, que rien ne vienne contrarier leur végétation, qu'ils aient été plantés à une profondeur convenable, dans un sol de bonne qualité, suffisamment meuble, et qu'ils ne soient pas, par une plantation trop serrée ou par le voisinage d'autres arbres, privés d'air et de lumière.

La distance à mettre entre les rosiers varie suivant l'effet que l'on veut obtenir, et selon la vigueur des variétés, mais il faut se rappeler ce que je viens de dire, qu'il n'y a de bonne végétation qu'à la condition que le rosier ne soit privé ni d'air ni de lumière.

Il faut, dans la composition d'un massif, faire en sorte de n'assembler que des variétés à peu près d'égale végétation.

Il faut défoncer le sol, avant la plantation, à 60 cent., si le sol n'est pas de bonne qualité ; à un fer de bêche seulement, s'il est fertile. Il faut éviter, dans ce travail, de mélanger la couche inférieure avec la couche supérieure, son but étant uniquement de rendre la terre bien meuble.

Si on a des rapports de terre à faire sur le massif destiné à recevoir les rosiers, il est préférable de prendre les terres neuves de champs, de prairies ou de gazon de jardin, plutôt que celle du potager qui est trop légère, non plus que de la terre terreautée, ou celle qui a été épuisée par des arbustes qui en ont longtemps occupé le sol.

Les fumures fraîches font souvent pourrir

les rosiers. Les curures des fossés, les feuilles pourries, les débris de démolitions, leur conviennent au contraire très bien.

Il est préférable, quand on se sert de fumier, de le mettre en couverture au pied des rosiers, de la sorte, il fume le sol, parce que l'eau des pluies et des bassinages entraîne ses principes fertilisants, et en même temps, il garantit le sol de la sécheresse.

Il faut peu enterrer les rosiers, dût-on les butter la première année pour les garantir de la sécheresse.

Il ne faut pas bêcher les massifs de rosiers, mais se contenter de les débarrasser des mauvaises herbes par de fréquents binages, car le rosier, une fois planté, n'aime pas la terre ameublie profondément, parce que cela peut meurtrir les racines et en faciliter la pourriture.

Ce que je viens de dire de la nécessité de tenir bien propre le terrain où l'on a planté des rosiers, et de l'obligation d'en biner souvent la surface, explique combien est funeste, pour ces arbustes, l'habitude que l'on a quelquefois.

pour en masquer le pied qui est souvent dé-
nudé, surtout quand il s'agit de rosiers-tiges,
de semer, dans le sol des massifs, des plantes
annuelles, qui font, il est vrai, un assez bon
effet, dont les racines pénètrent peu dans le
sol et ne causent pas de grands préjudices aux
rosiers, mais ils rendent les binages impos-
sibles.

§ 2. — Époque des plantations.

On peut, dans le cas où cela est urgent, commencer en septembre l'arrachage des rosiers
destinés à la transplantation, mais il faut alors
les dépouiller de leurs feuilles avant l'arrachage, les mouiller, et les mettre à l'abri de
l'air et du soleil jusqu'au moment de la plantation.

Il est préférable de procéder à l'arrachage
des rosiers, au plus tôt en octobre, la plantation
devant être faite lorsque la marche de la sève
est tout à fait ralentie, mais avant les grands
froids.

La plantation faite trop tôt, on s'expose à fatiguer les rosiers qui sont encore en végétation ; faite trop tard, au printemps, les rosiers s'enracinent mal et périssent souvent par suite de la sécheresse.

Les rosiers des Indes, *Bengales*, *Thés*, *multiflores*, sujets à périr en hiver, seront plantés de préférence en février, après les gelées.

§ 3. — Soins.

Avant de planter les rosiers, on rafraîchit les racines, on retranche les drageons charnus et les racines meurtries, tout en ménageant le chevelu.

On profite d'un temps doux pour planter. On tasse doucement la terre sans laisser de cavités qui amèneraient la moisissure des racines.

Je ne saurais trop répéter que pour avoir des rosiers d'une bonne venue, il faut procéder à des binages continuels pour tenir la surface du sol bien meuble.

Il faut éviter les arrosements en plein soleil, parce qu'ils provoquent *le blanc*.

Il faut donner de temps à autre des engrais liquides dilués.

Après les froids, dit M. Leroy, d'Angers, il faut fouler la terre avec les pieds autour de la tige des sujets nouvellement plantés ; la gelée ayant soulevé le sol, déchausse les racines des rosiers qui sont alors exposés à périr par les sécheresses du printemps.

Les rosiers sensibles au froid doivent être abrités. Le moyen le plus certain est de les arracher et de les enjauger, la tête couchée sur le sol, et de les recouvrir de paille, de grand fumier ou de feuilles, jusqu'à ce que les gelées ne soient plus à craindre. Alors, avant de les mettre en place, on les débarrasse de tous les gourmands qu'ils ont sur leur souche.

Les nains et les francs de pied peuvent être garantis du froid avec des feuilles, du fumier, ou butés comme des artichauts. Pour remplacer les sujets morts dans les massifs, on doit avoir en réserve un certain nombre de rosiers que, dans ce but, on empote en novembre.

On emploie pour cela un riche compost formé de terre franche : terreau de fumier et terre de bruyère en parties égales, bien mélangées. A défaut de terre de bruyère, on fait, pour la remplacer, un mélange de deux tiers de terreau de feuille et un tiers de sable fin.

Il faut avant le rempotage, rogner le bout des branches et retrancher à la serpette les racines qui ont été brisées ou cassées, ainsi que les gourmands et les yeux qui se préparent à produire des rejets.

Les pots doivent être bien drainés, puis les rosiers une fois empotés, sont mis en jauge et couchés pour qu'on puisse plus facilement les abriter contre le froid.

CHAPITRE IV

TAILLE. — DIVERSES SORTES DE TAILLE. — PRÉ-
CEPTES GÉNÉRAUX POUR LA TAILLE. — TAILLE
DES ROSIERS FRANCS DE PIED. — TAILLE D'HI-
VER. — TAILLE EN VERT OU D'ÉTÉ. — TAILLE
ET CONDUITE DES ROSIERS GREFFÉS. — TAILLE
DES ROSIERS GRIMPANTS.— TAILLE DES ROSIERS
JAUNES. — PINCEMENT.

§ 1er. — Taille.

La taille des rosiers se pratique dans trois
conditions différentes :

1° Pour mettre les jeunes rosiers dans de
bonnes conditions de végétation et de développement ; je parlerai un peu plus loin de la
taille qu'il faut faire pour atteindre ce double

but, en traitant spécialement des rosiers francs de pied, des rosiers greffés, etc.

2° Pour maintenir les rosiers déjà formés dans les meilleures conditions de végétation.

Pour cela, il est important de bien équilibrer la force des branches. On y arrive en affaiblissant une branche qui s'emporte, par une taille courte, lorsque toutes les branches sont taillées longues ; ou en donnant de la vigueur à une branche faible par une taille longue, lorsque toutes les autres branches sont taillées courtes.

Il faut toujours tailler un centimètre au-dessus d'un œil, c'est un précepte général de la taille pour quelque but qu'elle soit faite. Les onglets qui restent et qui se dessèchent, sont enlevés à la taille d'hiver.

On doit enlever les branches en décrépitude et presque toutes les brindilles nées à la base des branches, brindilles qui fleurissent rarement et fatiguent le rosier ; on ne conserve que celles que l'on compte utiliser pour former du bois de remplacement.

Lorsqu'on fait ces opérations, on doit couvrir les plaies qui ont plus d'un centimètre avec du mastic à greffer.

Tous les deux ou trois ans, on renouvelle partiellement la charpente, c'est-à-dire, qu'on laisse à la base des branches qui dépérissent, un bourgeon vigoureux pour les remplacer. C'est à cet usage que l'on utilise les brindilles que l'on a conservées, lorsqu'elles sont d'une bonne venue.

On verra plus loin que, par le pincement et par la direction donnée aux branches, on peut, comme par la taille, ralentir le développement des branches qui sont trop vigoureuses, ou fortifier celles qui sont trop faibles.

3° Enfin, la taille des rosiers se fait pour obtenir le plus de fleurs possible, ou les fleurs les plus belles, suivant que l'on tient plus à la qualité qu'à la quantité.

Voici quel est le précepte qui doit guider pour la taille pratiquée dans ce but.

Les rosiers ne fleurissent que sur les bourgeons qui naissent sur le bois de l'année précédente chez les espèces non remontantes, c'est-à-dire celles qui ne fleurissent qu'une fois dans l'an-

née, comme les cent-feuilles ; et sur ces mêmes bourgeons, ainsi que sur la seconde génération des bourgeons de l'année, chez les Bengales et les espèces remontantes, c'est-à-dire celles qui, après une première floraison printanière, en donnent une autre à la fin de l'été ou qui, comme les Bengales, fleurissent toute l'année.

§ 2. — Diverses sortes de tailles.

Il y a trois sortes de tailles. La *taille longue,* qui se pratique à une longueur qui dépasse les quatre ou cinq yeux bien constitués de la base (sans compter les yeux latents qui existent à la naissance de la branche et qui sont à peine perceptibles).

Cette taille donne une abondante floraison. Elle convient aux francs de pied, aux rosiers jaunes et aux rosiers grimpants, et à toutes les variétés qui poussent beaucoup et auxquelles on peut appliquer la taille à six et même à dix yeux.

La *taille moyenne*, qui se fait sur deux ou trois yeux bien constitués, au-dessus des yeux latents.

La *taille courte* que l'on fait sur les yeux latents. Cette taille est défectueuse quand elle est pratiquée sans discernement, comme cela arrive trop souvent, car elle ne convient qu'aux variétés peu vigoureuses qu'une végétation trop abondante fatiguerait.

§ 3. — Préceptes généraux pour la taille.

La taille doit toujours être exécutée avant que la sève soit montée dans les branches.

On doit toujours, autant que possible, et au risque de se piquer les doigts, tailler les rosiers avec la serpette, dont la section est nette, plutôt qu'avec le sécateur, parce que le bois des rosiers, qui est très moelleux, souffre beaucoup des mâchures que produit ce dernier instrument.

On peut commencer à la fin de janvier la taille des rosiers rustiques et vigoureux, et à la fin de février celle des rosiers rustiques hybrides remontants, et quelques *Bourbons*.

En mars, on taille tous les rosiers, sans distinction d'âge, d'espèces ni de variétés.

Pour les rosiers grimpants, lorsqu'ils sont formés, on se contente de supprimer les branches inutiles.

Ces principes généraux de taille varient, comme on va le voir, suivant que les rosiers sont francs de pied ou greffés, et aussi, d'après la nature de certaines espèces (rosiers grimpants, rosiers jaunes).

§ 4. — Taille des rosiers francs de pied.

On désigne sous ce nom, les rosiers obtenus de semis, par boutures, par marcottes ou par drageons, lorsqu'ils n'ont pas été greffés, car, ainsi que je l'ai dit dans le paragraphe *Greffe*, on ne pratique pas la greffe seulement sur les églantiers, mais aussi sur des rosiers francs de pied, et ce n'est pas de ceux-ci que je vais parler, parce qu'ils rentrent dans la catégorie des rosiers greffés dont je m'occuperai plus loin.

Les rosiers francs de pied doivent former un

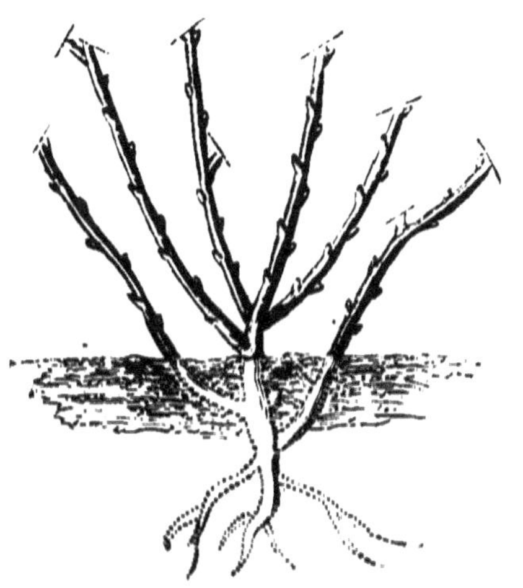

Fig. 14. — Rosier franc de pied taillé.

buisson régulier, *fig.* 14, dont toutes les parties soient équilibrées et éclairées, pour produire une abondante floraison.

Le jeune rosier franc de pied, obtenu comme il a été dit en parlant de la multiplication des rosiers, ne présente au début qu'une ou plusieurs pousses assez faibles, développées sur une petite tige.

On conserve deux ou trois de ces rameaux que l'on rabat sur trois ou quatre yeux.

La faible tige qui porte ces rameaux ne tardera pas à perdre sa vigueur, il faut donc laisser se développer à sa base quelques drageons destinés à former du bois de remplacement. Si ces drageons ne se formaient pas, on amènerait leur développement en recépant rez de terre le bois existant, mais ce serait une année de perdue.

Si, au contraire, il s'est produit des pousses de remplacement (*drageons*) au pied du jeune rosier, on taille sur trois ou quatre yeux, les deux pousses les plus rapprochées du centre et on supprime les autres.

Ces deux drageons, ainsi rabattus, ramifieront et formeront une nouvelle charpente destinée à remplacer le rosier primitif qui a été épuisé par la floraison.

Le rosier une fois formé, il faudra supprimer les bourgeons qui sortiront de terre aussitôt qu'ils apparaîtront, hors le cas où il serait né-

cessaire de les employer à régénérer partiellement ou en totalité la charpente du rosier.
Dans ce cas, on pincera le gourmand à 40 cent.
pour bien constituer les yeux de la base, et
l'année suivante, on le taillera sur trois ou
quatre yeux.

S'il est resté des gourmands qui n'ont pas
été enlevés aussitôt leur apparition, en mars,
on ôte la terre du pied des sujets jusque proche
des rameaux pour couper ces gourmands.

Le principal pour obtenir de belles fleurs,
est de bien équilibrer la charpente du rosier.

Il faut avoir soin de couper les roses avec
leurs pédoncules aussitôt qu'elles sont défleuries, et quand le dernier bouton a fleuri, on
taille en dessous.

Taille d'hiver. — Il faut tailler sur quatre ou
cinq yeux suivant la vigueur des sujets, deux à
bois à la base, et deux ou trois susceptibles de
produire des fleurs. Les deux bourgeons de la
base produiront des bourgeons de remplacement.

On pincera la branche de remplacement que

l'on voudra conserver à 40 cent., pour **faire** développer les yeux de la base, et au printemps suivant, on rabattra le **vieux bois sur** cette branche, que l'on taillera à son **tour à** quatre ou cinq yeux.

Taille en vert ou d'été. — **Cette** taille se pratique sur les rosiers francs de pied remontants, qui exigent certains soins pour prolonger leur floraison.

Les premières fleurs sont toujours placées à l'extrémité du bourgeon né au printemps. Les deux ou trois yeux placés en dessous, produiront également des bourgeons portant des fleurs, si, quand ils sont développés de quelques centimètres, on rabat à un centimètre au-dessus d'eux, le premier bourgeon quand il aura passé fleur.

On coupe également à moitié de leur longueur, pour les forcer à ramifier et à fleurir, les gourmands qui dépassent les autres rameaux.

§ 5. — Taille et conduite des rosiers greffés.

En parlant de la greffe, nous avons étudié la conduite de l'églantier avant et après le greffage, jusqu'à l'époque du développement de la greffe. Voyons maintenant ce qu'il reste à faire pour former le rosier ainsi obtenu.

A la fin de février, après les grands froids, enlever la laine qui entoure la greffe, tailler les rameaux greffés à un œil au-dessus de la greffe pour attirer la sève destinée à la nourrir et à la fortifier, couper l'églantier à 2 ou 3 cent. au-dessus des rameaux greffés; enlever les rameaux inutiles qui se développent le long de la tige du sujet.

Quand l'écusson se développe, on le fixe à un léger tuteur qui l'empêche de casser, et lorsqu'il a atteint une longueur de 30 cent., on supprime la pousse de l'églantier produite par l'œil réservé au-dessus de la greffe, mais

en conservant jusqu'à l'automne le chicot sur
lequel il s'était développé.

Le rameau de la greffe, quand il a atteint
30 cent., doit être pincé à 20 cent. pour faire
développer les rameaux latéraux destinés à
former la tête du rosier.

Il est avantageux de supprimer les fleurs la
première année.

Les gourmands et les drageons de l'églantier sont supprimés dès leur apparition.

Le sol doit être tenu net de mauvaises
herbes.

Voici maintenant d'après quels principes,
on devra diriger ces rosiers pour leur conserver
une forme convenable.

L'écusson greffé sur l'églantier et pincé à
20 cent. comme il a été dit, donne, la deuxième
année, deux branches que l'on pince également pour en obtenir quatre, et celles-ci pincées à leur tour, donnent les huit branches
nécessaires à la formation du rosier.

Une fois les branches en nombre convenable,
on ne conserve qu'un rameau de taille sur
chaque branche, et ce rameau doit être choisi

le mieux constitué, le mieux placé et de préférence celui qui est le plus rapproché de la base de la branche.

Il ne faut pas cependant chercher à trop raccourcir les branches, en rabattant sur le vieux bois de plus de deux ans, les plaies seraient trop fortes et ruineraient la tête du rosier.

Il ne faudra recourir à la taille sur les pousses gourmandes sorties de la base des grosses branches, que si ces branches sont en mauvais état de végétation, usées, ou si elles sont trop allongées.

Le rosier une fois formé, doit avoir une forme régulière, *fig.* 15, on supprime les rameaux inutiles, trop faibles, mal placés, ou de mauvaise direction, ainsi que les brindilles, les chicots, et les vieilles branches épuisées.

Les gourmands de la base des branches ou du bourrelet de la greffe, ne sont conservés que lorsqu'ils doivent fournir des branches de remplacement.

Il est préférable de former la tête du rosier à 10 ou 15 cent. plus haute que la greffe, pour éviter les chicots disgracieux sur lesquels

ne végètent quelquefois que des pousses affai-
blies, comme cela arrive lorsqu'on établit la

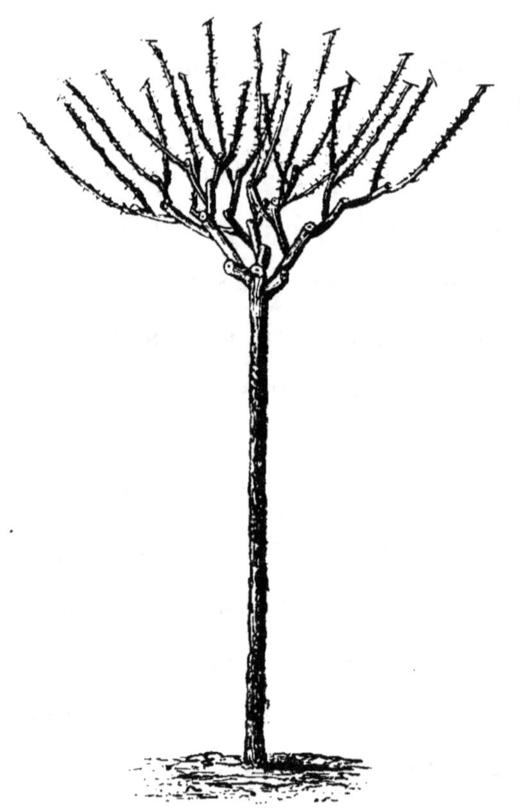

Fig. 13. — Rosier à haute tige formé.

tête du rosier sur le collet de la greffe. Ce mode
de procéder a l'avantage de permettre le rava-
lement de la tête du sujet, en utilisant les gour-

mands qui se développent sur l'empattement de la greffe, et que l'on a dû avoir le soin de supprimer pendant tout le temps que le rosier était en bon état de végétation.

§ 6. — **Taille des rosiers grimpants.**

Ces rosiers doivent être francs de pied.

Ils nécessitent une taille spéciale pour couvrir très vite les murs, pour cacher les treillages, et pour envelopper les arbres ou former des arbres artificiels ; dans tous ces cas, on cherche moins à obtenir de ces rosiers des fleurs parfaites et volumineuses, qu'une très grande abondance de fleurs.

Après la plantation, on taille les rameaux existants sur quatre ou cinq yeux.

On supprime, l'année suivante, un tiers de la longueur totale des tiges obtenues.

M. Forney conseille, au contraire de tailler long la première année, et de recéper la touffe

rez de terre la seconde année, pour faire développer de jeunes et vigoureux rameaux à la
base, et pour éviter que, pendant plusieurs
années, le sujet reste dégarni et d'une vigueur
modérée.

Les drageons sont taillés sur quatre ou cinq
yeux, et les rameaux latéraux sur trois ou
quatre yeux.

Le mur est couvert et fleuri la troisième ou
la quatrième année, et pour le conserver ainsi,
on taille court sur cinq ou six yeux, des tiges
vigoureuses partout où un vide menace de se
produire.

M. Forney conseille de tailler alternative-
ment les rameaux courts et longs, pour éviter
que la végétation se porte en haut, cela est
important quand il est question de couvrir des
murs, et dans ce cas, il faut toujours tailler, à
40 cent. au-dessous du faîtage, les rameaux les
plus vigoureux pour permettre le palissage des
jeunes rameaux.

Quant aux autres rameaux, ils doivent être
taillés, partie à la moitié, partie au tiers de la
hauteur du mur.

Il faut ne pas rapprocher les rameaux palissés à moins de 15 cent., et supprimer ceux qui font fouillis.

Le rosier *multiflore* est précieux pour cacher les murs ; le rosier *Ayrshire* est très convenable aussi, et s'emploie également pour garnir les troncs d'arbres.

§ 7. — Taille des rosiers jaunes.

Les fleurs de ces rosiers s'épanouissent sur de courtes brindilles qui se développent le long du bois de l'année précédente.

Si on ne tient qu'à l'abondance de la floraison, il vaut mieux ne pas les tailler, mais on s'expose à avoir des fleurs moins parfaites et à dégarnir la touffe en peu d'années.

Il est mieux de les soumettre à une taille spéciale, qui varie suivant qu'on veut les former en boule ou en faire des rosiers grimpants.

1° *En boule.* — On fixe autour du rosier, un cercle en fil de fer de 40 cent. de diamètre à

40 cent. du sol. On laisse la moitié des rameaux que l'on taille très long. 70 cent. environ, on les courbe la tête en bas, et on les
attache sur le cercle. Il ne doit y avoir qu'une
branche à chaque rameau attaché; quand il y
en a deux, on conserve la plus vigoureuse, et
on supprime la plus faible.

Les autres rameaux sont taillés sur quatre
ou cinq yeux, et on les laisse pousser librement. Ce sont ces rameaux que l'on courbera
l'année suivante, tandis que l'on coupera à
quatre ou cinq yeux ceux qui ont été courbés
l'année précédente.

2° *Grimpants.* — On fait la taille moins
courte. Les trois quarts des rameaux sont taillés longs et inclinés pour faciliter la production des fleurs.

§ 8. — **Pincement.**

En outre de la taille dont je viens de parler,
il y a une opération qu'il est nécessaire de faire

dans le cours de la végétation, c'est le *pince-*
ment, qui consiste à couper l'extrémité des
branches qui s'allongent démesurément, soit
avec l'ongle, lorsqu'elles sont à l'état herbacé,
soit avec une serpette.

Par le pincement, on empêche, non seulement les rosiers de se déformer, mais on oblige
la sève à se partager avec plus de régularité
dans les autres branches, qui, sans cela, res-
teraient faibles.

On doit également le pratiquer sur les branches trop vigoureuses des sujets sur lesquels
on se propose d'appliquer plusieurs écussons, afin de maintenir l'équilibre entre ces
branches.

Enfin, on pince aussi un certain nombre de
boutons à fleurs dans les espèces qui donnent
des bouquets trop compactes, pour permettre
le développement complet de toutes les fleurs.

Cette opération est analogue à celle que l'on
fait pour les boutons à fleurs des arbres fruitiers.

Les branches gourmandes qui poussent à la
tête des rosiers vigoureux, ne doivent pas être

pincées, mais arquées, en les attachant à des piquets fichés en terre. Elles produisent alors un effet très gracieux quand elles sont couvertes de fleurs.

CHAPITRE V

ROSIERS FORCÉS. — FLORAISON RETARDÉE.

§ 1er. — **Rosiers forcés.**

On distingue sous ce nom, les rosiers que l'on force à fleurir avant leur époque naturelle de floraison, par une culture spéciale et au moyen d'une chaleur artificielle.

Je ne crois pas nécessaire d'entrer dans le détail de la construction des serres et des abris destinés à cet usage, ni des divers moyens et appareils employés pour y maintenir une température élevée relativement à la température extérieure, le lecteur trouvera, dans le *Nou-*

veau Jardinier illustré, des articles spéciaux, ornés de figures, sur ces divers sujets.

Les rosiers destinés au forçage, s'ils ne sont pas francs de pied, doivent être greffés à 10 cent. de terre, et de préférence sur le *Quatre saisons*, parce qu'il se met facilement en sève.

On les empote en novembre, après avoir habillé les racines et supprimé les drageons, dans de très bonne terre bien meuble. On enterre ces pots dans une partie du jardin où il sera facile de les abriter, pendant l'hiver, contre le froid et la neige.

En avril, on les met en planche, et on fait choix de deux ou trois belles pousses qui sont coupées à 10 ou 15 cent. de la base, et on supprime les autres rameaux et les brindilles.

La surface des planches doit être couverte d'un bon paillis et tenue fraîche par de fréquents arrosages pendant l'été.

En août, on arrache ces rosiers des planches où ils ont été enterrés, en ayant soin de ne pas les dépoter et de ne pas casser les pots;

on les laisse sur le terrain jusqu'à ce qu'ils soient assez fanés pour amener la chute des feuilles. Alors, on les rentre en serre ou sous châssis pour commencer le chauffage.

Vers le 15 septembre, on commence le chauffage des rosiers destinés à produire des fleurs en novembre. Si ils ont peu poussés, il faut s'abstenir de les tailler.

On chauffe d'abord assez fort et, lorsque la végétation commence, on abaisse la température à 11 ou 13 degrés centigrades: il faut donner le plus de jour possible, et ne pas couvrir, même la nuit, car le thermomètre peut, sans danger, descendre alors à 5 degrés centigrades au-dessus de zéro.

On rentre plus tard, en octobre, puis en novembre, dans la serre à forcer, de nouvelles quantités de rosiers pour échelonner la floraison.

Les pots enterrés dans les serres ou dans les bâches, doivent être assez espacés pour que l'air circule librement entre les branches des rosiers; le sol où on les a enterrés, doit être toujours frais par des arrosages fréquents faits avec de l'eau à *la température de la serre.*

On peut également forcer des rosiers sans avoir pour cela de serre spéciale, on les met alors sous châssis, dans des bâches entourées de réchauds de fumier que l'on renouvelle quand cela est nécessaire.

Au mois d'avril, cette culture n'a plus d'intérêt, puisque les rosiers plantés en pleine terre vont fleurir aussi, ceux qui restent dans la serre, doivent être peu à peu habitués à l'air, mouillés suivant le besoin et, à la fin du mois, remis en planche à l'air libre, après qu'on les a rempotés de nouveau.

On se propose par le forçage d'obtenir pendant l'hiver, soit des rosiers en fleur, soit des fleurs coupées. Dans le premier cas, on taille les rosiers de manière à leur donner une forme élégante et régulière, dans le second, on ne les taille pas, ou on pratique une taille très longue, et on se contente d'incliner les branches et de les écarter les unes des autres pour que l'air circule librement.

Je ne parlerai pas plus complètement de cette intéressante culture, parce qu'elle est pratiquée seulement par les fleuristes qui approvisionnent les marchés.

On trouvera sur ce sujet une étude assez complète dans le livre de M. Forney [1].

§ 2. — Floraison retardée.

Si, pour une raison quelconque, on a intérêt à retarder la floraison des rosiers de trois semaines à un mois, on pincera l'extrémité des rameaux floraux, même s'ils commencent à montrer leurs boutons.

Cette opération ne s'applique qu'aux rosiers remontants, et dont la vigueur ne laisse pas à désirer. (*Journal de vulgarisation de l'horticulture*.)

1. *Taille et culture du Rosier*, suivies de la taille des arbustes d'agrément de pleine terre et de l'oranger. 3e édition, 1 vol. in-18 orné de 50 figures dans le texte. Prix : 2 francs, *franco*. — Auguste Goin, éditeur.

CHAPITRE VI

CULTURE DES ROSIERS EN CORDON.

Les rosiers sarmenteux qui appartiennent surtout à la série des *Thés* et des *Noisettes*, et dont on se sert pour garnir des palissades, des tonnelles, etc., peuvent être dirigés en cordons.

Vers la fin d'octobre, on les plante à 1 m. 50 cent. ou 2 m. d'intervalle. On enfonce des piquets, en leur laissant seulement 10 cent. de saillie hors du sol, et on les réunit par un fort fil de fer galvanisé.

Lorsque les rosiers sont en végétation, on ne laisse pousser qu'une seule branche, ou deux, si l'on doit garnir à droite et à gauche. On attache la branche au fil de fer quand elle est encore à l'état herbacé, et on l'arrête par le pincement quand elle a atteint la distance à parcourir.

De chaque œil de la tige couchée, naissent des branches qui se couvrent de fleurs, et, l'hiver, ces rosiers sont faciles à abriter.

La taille de ces rosiers et leur culture sont les mêmes que celles des rosiers greffés sur tige.

(*Journal des roses.*)

CHAPITRE VII

RENSEIGNEMENTS COMPLÉMENTAIRES.

On empote en janvier les rosiers destinés à remplacer ceux qui sont morts dans les plantations de pleine terre.

Les rosiers vigoureux peuvent être mis en place vers la fin de février, et on plante en mars ceux qui ne craignent pas la gelée.

Il faut, en avril, se hâter de terminer la plantation.

Ne pas oublier de *praliner* les racines avant la plantation, lorsque les rosiers sont arrachés de la pleine terre. Cette opération consiste à plonger les racines dans une bouillie claire formée avec de bonne terre mêlée de terreau et de fumier bien décomposé.

Quand on veut obtenir de très belles roses, il faut, *sans froisser* les boutons que l'on réserve, supprimer les autres qui se forment sur la branche. Pour les rosiers qui donnent beaucoup de fleurs, on se contente, comme je l'ai déjà dit, de supprimer une partie des boutons.

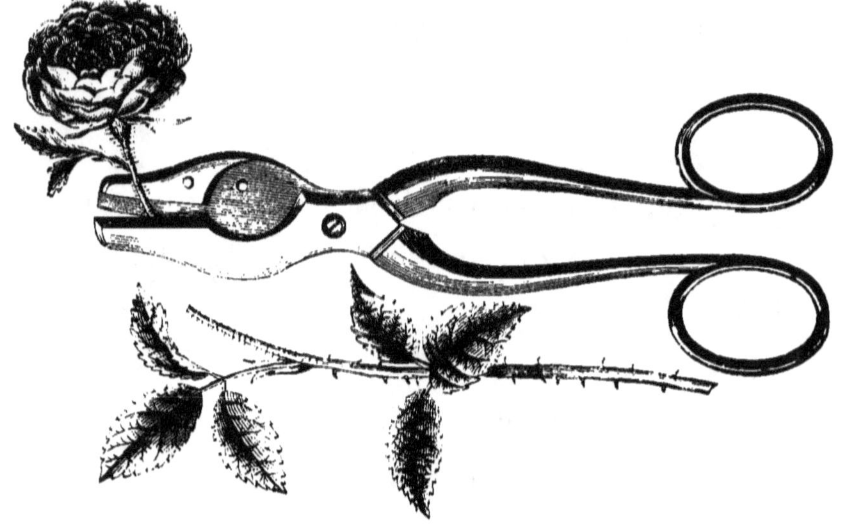

Fig. 16. — Cueille-rose.

Il faut enlever les roses aussitôt qu'elles sont défleuries, ainsi que les boutons à fleurs mal conformés, et ceux des rosiers chétifs.

On peut, pour ces diverses opérations, se servir du cueille-rose dont nous donnons ci-dessus la figure.

CHAPITRE VIII

Dans son ouvrage *Taille et culture du Rosier*,
M. Forney classe les diverses variétés en trois
divisions un peu arbitraires :

Rosiers d'Europe et d'Asie occidentale.

1° Rosiers à fleurs jaunes.

2°   —   variables.

    —   cent feuilles.

    —   Provins.

    —   de Francfort.

    —   de Damas.

3°   —   pimprenelle.

4°   —   des Alpes.

5°   —   cannelle.

6°   —   cynorrhodons ou faux églantiers.

Rosiers des Indes, de l'Asie occidentale et du Japon.

    1° Bengales = Laurence — Ile Bourbon.

        — Noisette.

    2° Rose thé.

Rosiers grimpants.

    1° Rosiers des champs.

    2°   —   toujours vert.

    3°   —   multiflore.

    4°   —   de Banks.

    5°   —   à fleurs d'anémone.

    6°   —   à feuilles de ronce.

    7°   —   musqué.

    8°   —   bractéolé.

    9°   —   à petites feuilles.

    10°   —   de Fortune à fleurs doubles.

Dans son ouvrage, *Le Rosier*, M. Lachaume en répartit les variétés dans les catégories suivantes :

Rosiers thés ou indiens.

    —   Bengales.

    —   Noisettes.

    —   Ile Bourbon.

Rosiers hybrides remontants.

—   mousseux remontants.

—   cent feuilles mousseux non remontants.

—   cent feuilles.

—   Damas non remontants.

—   Laurence.

—   sarmenteux.

Dans le *Manuel de l'amateur de jardins*. MM. Decaisne et Naudin admettent la classification de Lindley, en onze tribus.

1° Rosiers féroces. = R. féroce; — R. du Kamptchatka.

2° — involucrés. = R. des marais; — R. bractéolé; — R. microphylle.

3° — cannelles. = R. cannelle; — R. de mai; — R. Bose; — R. Caroline.

4° — pimprenelles. = R. pimprenelle; — R. épineux; — R. des Alpes; — R. à fleurs jaune soufre.

5° — cent feuilles. = R. cent feuilles; — R. pompon; — R. mousseux; —

R. de Damas ; — R. de Belgique ;
— R. de Portland.

6° Rosiers velus. = R. blanc.

7° — rouillés. = R. jaune ou capucine, ou
églantier.

8° — cynorrhodons. = R. des chiens ou
églantier ; — R. Bengale ; — R. de
l'Inde ou thé ; — R. Ile Bourbon ; —
R. Noisette.

9° — à styles soudés. = R. des collines ;
R. des champs ; — R. multiflore ; —
R. toujours vert ; — R. muscat ;
— R. sétifère ; — R. à feuilles de
ronce.

10° — de Banks. = R. de Georgie ; — R. de
Banks ; — R. à fleurs d'anémone.

11° — à feuilles simples ou à feuilles d'épine-
vinette.

Les auteurs du *Nouveau Jardinier illustré*,
dans l'article sur le rosier, ont adopté une classification qui n'est peut-être pas aussi scienti-
fique que les précédentes, mais qui est, à coup
sûr, beaucoup plus pratique.

Rosiers remontants.

Rosiers thé (*Rosa Indica*). — Arbustes de 2 à

Fig. 17. — Rose thé.

3 mètres, à tiges fortes, glabres, vertes ou rouges, armées de gros aiguillons, crochus, brunâtres, épars ; — feuilles à 5-7 folioles elliptiques, pubescentes en dessous ; — fleurs

en général solitaires, le plus souvent semi-
pleines, jaune pâle ou blanc jaunâtre plus
ou moins carné, d'odeur suave rappelant
celle du thé.

Rosiers ile Bourbon. — Arbustes non grim-

Fig. 18. — Rose de l'ile Bourbon.

pants, à rameaux glabres, armés d'aiguillons aplatis, crochus; — feuilles épaisses,
lisses, luisantes, d'un vert foncé; — fleurs

généralement rouge plus ou moins foncé ; —
calice à tube oblong, quelquefois presque
globuleux, à divisions simples.

ROSIERS NOISETTE (*hybride de semperflorens et
moschata*). — Fleurs nombreuses réunies

Fig. 19. — Rose Noisette.

en bouquets, semi-pleines, rose pâle au sommet de rameaux très allongés : — plus épineux que les rosiers thé et Bourbon.

Rᴏsɪᴇʀs ʙᴇɴɢᴀʟᴇ (*Rosa semperflorens*). — Arbuste étalé ou rampant, à tiges grosses et

Fig. 20. — Rose du Bengale.

fortes ; — aiguillons peu nombreux, épars, comprimés ; — feuilles à trois ou cinq folioles ovales-lancéolés, dentées, glabres, vert clair en dessus, glauques en dessous. — Presque toute l'année, fleurs semi-pleines rose clair ou à couleurs variées rouge plus ou moins foncé, presque inodores.

ROSIERS HYBRIDES REMONTANTS. — Rameaux armés de nombreux aiguillons inégaux, passant graduellement à l'état de poils glan-

Fig. 21. — Rose moussue.

duleux; — feuilles molles, gaufrées, vert tendre; — calice à tube oblong ou en entonnoir à divisions foliacées, — fleurs de coloris variés du rose au carné, jamais blanches ou jaunes.

Rosiers Portland ou perpétuels. — Arbustes buissonneux garni de poils raides, glanduleux, sans épines sur les jeunes rameaux ; — feuilles molles, lancéolées, glauques en dessous ; — fleurs depuis le printemps jusqu'aux gelées.

Rosiers perpétuels moussus. — Arbrisseaux peu vigoureux à tiges garnies d'aiguillons presque droits, inégaux ; — feuilles molles ; — fleurs à pédoncules et calice couverts de poils glanduleux très nombreux, et paraissant ainsi couverts de mousse.

Rosiers non remontants.

Pour cette catégorie de rosiers qui contient un très grand nombre de variétés, je ne donnerai la description que des plus importantes.

Rosier cent feuilles. Arbuste de 1ᵐ.40 cent. à tiges glanduleuses garnies d'aiguillons très petits et d'autres gros et crochus ; — feuilles à 5-7 folioles, ovales, glanduleuses aux

Fig. 22. — Rose des peintres.

bords. — En mai-août, fleurs roses semi-pleines ou pleines.

ROSIER DE PROVINS. — Indigène en France au bord des forêts et dans les haies. — Arbuste de 1 mètre environ, à tiges faibles, garnies irrégulièrement d'aiguillons crochus; — feuilles à 5-7 folioles elliptiques, dentées,

7

ciliées, coriaces, glanduleuses ; — fleurs souvent solitaires, dressées, pourpres.

ROSIER DE **BANKS**. — Arbrisseau grimpant dont les tiges sont inermes et peuvent atteindre 8 mètres ; — feuilles trifoliolées, d'un vert luisant, presque coriaces, persis-

Fig. 23. — Rose pompon.

tantes : — en mai-juillet, fleurs très nombreuses, odorantes, disposées par bouquets. — Variétés à fleurs blanches ou jaunes ; — craignent la gelée, palisser au midi.

ROSIER LAWRENCE ou POMPON. — Très petit arbuste atteignant au plus 0^m,40 cent., à tiges glabres garnies de forts aiguillons ; — feuilles à folioles ovales, lancéolées, glauques ou pourpre en dessous ; — fleurs très petites, pleines, de couleur carnée. — Couvrir de litière, car ils sont sensibles au froid.

Rosier toujours vert. — Arbrisseau à rameaux sarmenteux ; — feuilles persistantes et coriaces ; — fleurs blanches en corymbe. — Très bon à palisser en toutes les expositions. Très rustique.

Rosier jaune ou Capucine. — Arbuste de 1 mètre ; tiges dressées, brunes, luisantes, garnies d'aiguillons épars et hérissés dans le jeune âge ; — feuilles à 5-7 folioles un peu enroulées, d'un vert brillant, à odeur de pomme. — En juin, fleurs jaunes, simples, de mauvaise odeur.

Rosier de Manetti. — Très vigoureux, se couvrant de ravissantes fleurs demi-doubles d'un beau rose clair. — Élevé sur une tige, il forme de charmants arbustes. — On s'en sert pour le greffage. — Il a l'avantage sur l'églantier des bois, de pouvoir se propager

très facilement et très rapidement de graines,
mais il ne peut convenir que pour les varié-

Fig. 24. — Rose capucine.

tés vigoureuses ; il a l'inconvénient de tracer
et de drageonner.

Les classifications des rosiers que je viens
de résumer, n'ont en réalité qu'une valeur rela-
tive pour les amateurs, car aucune plante ne se
prêtant plus facilement que le rosier au croise-
ment de variétés à variétés, c'est-à-dire, à l'hy-
bridation, il en est résulté que, par suite de
l'obligation où se trouvent les rosiéristes commerçants de produire toujours des nouveautés,
il y a un certain nombre de *types* qui ont à peu
près complètement disparus, et qu'on ne retrou-
verait que dans quelques écoles botaniques.

CHAPITRE IX

MALADIES.

Les maladies qui peuvent atteindre les rosiers, sont beaucoup plus graves lorsqu'elles frappent les rosiers greffés qu'elles détruisent sans ressource, tandis que les rosiers francs de pied qui en sont attaqués, peuvent être recépés et donner de nouvelles pousses de remplacement.

Le chancre.

L'une de ces maladies, le *chancre*, est presque spéciale aux rosiers greffés, parce qu'elle résulte, le plus souvent, de la mauvaise cicatrisation des plaies faites à la taille sur de vieux bois, quelquefois très gros. J'ai déjà dit, en parlant de la taille, que, pour éviter cette maladie, on devait toujours, lorsqu'on avait de grosses amputations à faire aux rosiers, lisser avec la serpette les coupes que l'on aurait été obligé de faire avec le sécateur, et recouvrir les plaies avec du mastic à greffer.

Si on n'a pas pris les précautions nécessaires pour prévenir le développement du chancre sur un rosier greffé, il faut, lorsqu'on en constate la présence, enlever tout le bois malade jusqu'au bois vif, en entamant ce dernier aussi peu que possible, et appliquer sur la plaie une bonne couche de mastic à greffer.

Cette maladie ne peut se produire qu'accidentellement sur les rosiers francs de pied, on recèpe alors ras du sol les branches qui en sont atteintes.

Desséchement de l'écorce.

Le *desséchement de l'écorce* est également une maladie qui frappe presque exclusivement les rosiers greffés sur tige.

Je pense que cette affection, qui peut tuer les rosiers, résulte surtout de ce qu'ils n'ont pas été plantés dans les mêmes conditions que celles où ils étaient dans la pépinière. J'ai, en effet, remarqué souvent, que les arbres achetés en pépinière, reçoivent des coups de soleil qui dessèchent et fendillent l'écorce, ce qui amène souvent la mort des sujets, lorsqu'on n'a pas soin de les orienter au moment de la plantation, comme ils l'étaient dans la pépinière. Cela s'explique facilement.

Le côté de la tige qui a été habitué à recevoir l'action directe du soleil, est beaucoup plus ferme et plus brun que la face exposée au nord, que l'on reconnaît facilement, parce qu'elle est plus verdâtre et souvent couverte de petites végétations (*lichens* et *mousses*).

Si, lors de la plantation, on expose au midi le côté de la tige qui était au nord, son écorce, beaucoup plus tendre et probablement plus séveuse, se dessèche, se fendille et se détache.

Quelle que soit la cause qui a produit cette maladie, on peut souvent en guérir les rosiers, en enlevant superficiellement l'écorce desséchée, et en enduisant la tige avec un mélange de bouse de vache et de terre grasse que l'on y fixe avec de vieux chiffons qu'il faut mouiller de temps en temps.

Blanc des feuilles.

Le *blanc des feuilles* est une affection que l'on reconnaît à la présence de filaments blanchâtres entre-croisés, qui se développent sur les jeunes pousses et sur les feuilles.

Certains auteurs prétendent que la formation de ce cryptogamme peut survenir lorsqu'on arrose les rosiers en plein soleil ?

C'est surtout en juillet et août, que les rosiers sont envahis par le *blanc*. On en empêche le développement, en poudrant les rosiers de fleur de soufre, en les arrosant d'une solution très diluée d'hydrosulfure de calcium, et, dit-on, en recouvrant la terre où ils sont plantés de 4 à 6 cent. de cendre de houille.

Blanc des racines.

Le *blanc des racines* est une maladie analogue à celle dont je viens de parler. C'est également un cryptogamme sous forme de filaments blanchâtres qui se développe, mais les conditions qui occasionnent sa formation sont beaucoup mieux connues.

La présence de fumier frais dans le sol où les rosiers ont été placés, le manque de soins lors de leur plantation pour empêcher qu'il reste des vides autour des racines, en sont la cause.

J'ai dit, en parlant de la plantation, que le sol ne devait être fumé qu'avec du fumier bien épuisé, du terreau de fumier ; j'ai dit également que, lors de la plantation, il fallait avoir à sa disposition, un mélange de terre et de terreau bien meuble dont il fallait se servir pour recouvrir les racines, et que ce sol artificiel devait être tassé autour des racines, de façon à ne laisser aucun vide.

Rouille.

La *rouille*, produite également par le développement d'un cryptogame de couleur rougeâtre qui envahit les feuilles et leurs pétioles ainsi que le pédoncule des fleurs, au moment des sécheresses, est une maladie dont on se débarrasse en retranchant les rameaux qui en sont trop attaqués, et en soufrant ceux qui le sont moins.

Mousses et lichens.

Il se produit souvent sur les tiges des vieux rosiers, des développements de végétaux parasites (*mousses* et *lichens*), surtout dans les localités fraîches et humides. Si le sol est tenu bien meuble, comme je l'ai recommandé, et toujours bien nettoyé des mauvaises herbes, ces végétations auront moins de facilité à se produire ; mais si, néanmoins il s'en forme, comme cela se rencontre dans certaines localités où tous les végétaux en sont couverts par suite de l'humidité constante de l'air, on en débarrassera les rosiers, en frottant les tiges par un temps sec, avec une brosse un peu dure, et en les badigeonnant avec un lait de chaux, au moment du repos de la végétation, c'est-à-dire, dans le mois de février, comme on le fait pour les arbres fruitiers.

CHAPITRE X

INSECTES NUISIBLES. — INSECTES UTILES.

§ 1er. — **Insectes nuisibles.**

Hanneton commun, man ou ver blanc.

Melolontha vulgaris. FABRICIUS.

Le premier des insectes nuisibles dont j'ai à parler, c'est le *man* ou *ver blanc* qui est la larve du *hanneton*, c'est l'ennemi le plus redoutable qu'on ait à combattre, parce qu'il mange l'écorce des racines des rosiers, ce qui occasionne presque infailliblement la mort de ces plantes, comme de toutes celles, du reste, auxquelles il s'attaque.

La lutte contre cet ennemi est d'autant plus difficile, qu'il fait ses ravages dans le sol, et que c'est seulement lorsque l'on constate sur les rosiers un dépérissement, que rien autre ne justifie, que l'on est porté à fouiller le sol pour en chercher la cause : on voit alors les racines écorcées, et quelquefois, on trouve le ravageur qui a fait tout le mal, s'il n'a pas été porter plus loin ses déprédations.

Il faut tuer cette vermine quand on la trouve au pied des plantes dont elle est venu manger les racines, mais alors, le plus souvent, ses dégâts sont irrémédiables. Le seul moyen véritablement pratique que j'emploie depuis de longues années pour mes fraisiers, est de repiquer, entre les plantes que l'on veut préserver des attaques des vers blancs, des salades dont ils aiment beaucoup manger les racines, et aux pieds desquelles on les trouve facilement quand on voit les feuilles qui commencent à faner.

Je n'ai à décrire ici ni le hanneton ni sa larve dont nous donnons la figure ci-contre, mais ce que l'on ne saurait trop répéter, c'est que la femelle du hanneton pond en moyenne de 20 à 40 œufs, et que par conséquent, le meilleur moyen de se débarrasser des vers blancs, c'est de détruire les hannetons.

Pour parer aux immenses dégâts causés par

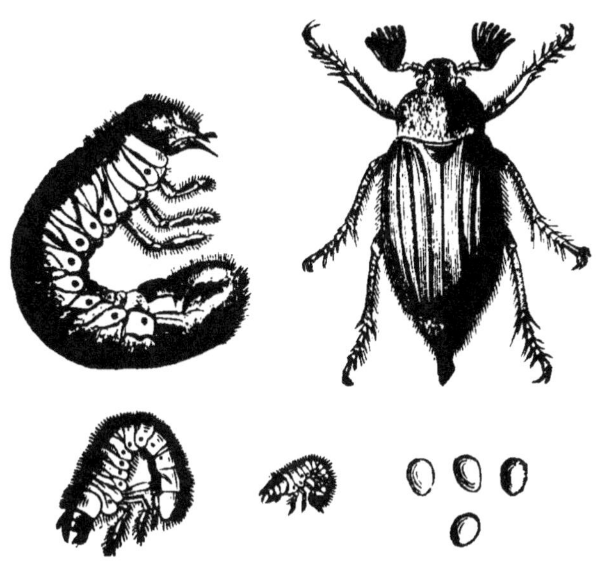

Fig. 25. — Œufs, larves de 1re, 2e et 3e année du hanneton et insecte parfait.

les vers blancs, le ministère de l'intérieur a prescrit le hannetonage, les préfets ont envoyé dans toutes les communes des circulaires pour faire appliquer les instructions du ministère de l'intérieur ; rien n'a été fait, et rien ne se fera dans notre pauvre pays, tant que le

gouvernement ne fera pas procéder au hannetonage par ses agents.

Le département de la Seine-Inférieure est
peut-être un des seuls où le hannetonage ait
été pratiqué d'une manière assez complète,
grâce à l'influence d'un préfet qui *voulait* que
ces instructions soient appliquées. Mais la destruction de ces hannetons fut faite avec la plus
complète inintelligence ; on se contentait de
les jeter dans les rivières qui devaient les en-
traîner à la mer.

J'ai vu alors les plages du Calvados noires
de hannetons engourdis, que la mer rejetait
sur le sable, où ils se séchaient au soleil et
s'envolaient, pour aller porter ailleurs leurs
ravages.

De l'eau bouillante, ou un peu de chaux vive
auraient suffi à les détruire complètement, et
ces cadavres auraient été fructueusement uti-
lisés, car ils constituent un engrais des plus
riches, puisqu'une brouettée de hannetons
écrasés, semée sur le sol comme la colombine,
équivaut à un fort tombereau de fumier.

Hémérobe perle.

Hemerobius perla. LINNÉ.

Cette espèce, assez commune, est d'un vert pomme avec les yeux dorés, très brillants, ses

Fig. 26. — Hémérobe perle.

ailes, couchées sur le corps, le dépassent de moitié ; elles sont transparentes, avec les nervures vertes, de manière qu'elles ressemblent à une gaze verte très fine. Ses antennes sont filiformes, aussi longues que le corps.

On trouve fréquemment cette hémérobe sur les rosiers, où elle dépose ses œufs réunis en bouquet, chacun sur un long pédicelle capillaire.

Ce petit névroptère est assez élégant, mais lorsqu'on le tient entre les doigts, il laisse une odeur très infecte qui rappelle le mot énergique de Cambronne.

Tenthrède des rosiers.

Tenthredo rosarum. FABRICIUS.

Mouche jaunâtre qui dépose ses œufs sur les jeunes pousses des rosiers. Les larves qui en sortent, détruisent les boutons et les feuilles ; ces larves sont de fausses chenilles, blanches quand elles sont jeunes, verdâtres et pointillées de noir à l'état adulte.

Cette mouche et ses larves sont d'autant plus redoutables, qu'elles se multiplient continuellement, puisqu'elles donnent jusqu'à trois géénrations dans la belle saison.

Pour les détruire, M. Forney conseille d'enduire une planche avec de la mélasse dans

Fig. 27. — Tenthrède des rosiers.

laquelle on a ajouté une petite quantité de colle forte chaude et liquide. Les mouches viennent s'y coller et y meurent, et on est, par ce moyen, préservé de leur ponte, comme j'ai dit plus haut, qu'on se débarrassait plus sûrement des vers blancs en tuant les hannetons.

M. Margottin, qui a beaucoup étudié les mœurs de cette mouche, conseille de planter du persil et du fenouil dans le voisinage des rosiers ; les mouches s'y posant le jour, on les attrape facilement avec un filet à papillons.

Je crois que la larve de cette mouche, cette fausse chenille, est la même que j'ai trouvée sur mes groseillers dont elles mangeaient toutes les feuilles, et dont je me suis débarrassé en secouant les branches le matin de bonne heure, au-dessus d'une feuille de papier où je les recueillais pour les écraser, et en aspergeant plusieurs fois de suite mes groseillers avec une décoction de tabac additionnée de savon.

Tenthrède difforme.
Tenthredo difformis. Panzer.

Cette mouche à scie est, dans les jardins des environs de Paris, un peu moins commune que la précédente.

Elle est un peu plus petite et entièrement

noire, avec les pattes blanches. Malgré son nom, elle n'a rien de plus difforme que les autres espèces. Le nom de *difformis* lui a été donné, parce que le mâle a les antennes pectinées,

Fig. 28. — Tenthrède difforme.

tandis qu'elles sont à peu près filiformes chez la femelle.

Cette tenthrède se montre en mai, pour la première époque, et en août, pour la seconde.

La larve vit sur les rosiers, comme celle dont nous venons de parler, mais d'une tout autre façon. La femelle, avec ses petites lames de scie, fait à la nervure médiane au-dessous des feuilles une ou plusieurs petites entailles dans chacune desquelles elle dépose un œuf. L'éclosion a lieu au bout de huit à dix jours. Les petites larves grandissent assez rapidement, et ressemblent presque complètement à de véritables chenilles, par leur couleur, leur forme et leur attitude; mais, ce qui les distingue de suite, c'est qu'elles sont pourvues de vingt pattes et que leur tête est pourvue d'yeux et arrondie comme un bouton. Ces fausses chenilles se tiennent constamment appliquées à la face inférieure des feuilles, qu'elles rongent et percent par le milieu, comme feraient de petits limaçons. Elles sont d'un vert tendre, de la couleur des feuilles, avec la tête rousse. On remarque, en outre, sur leurs côtés, une série de points élevés, surmontés chacun d'un petit faisceau de poils grisâtres. Elles ne vivent pas en sociétés nombreuses; sous la même feuille, il y en a rarement plus de trois ou quatre.

Lorsqu'à la fin de juin, elles sont entièrement développées, elles font chacune une petite coque double qu'elles attachent à des feuilles sèches. L'insecte parfait éclôt en août; on rencontre en septembre et octobre, les fausses chenilles de la seconde génération, Ces dernières restent enfermées dans leur coque jusqu'au printemps avant de se métamorphoser.

Pour détruire cette tenthrède, il faut couper, à la fin de mai, avec des ciseaux, les feuilles ou elles se tiennent et les brûler. Il ne faut pas non plus épargner l'insecte parfait, lorsqu'on le rencontre.

Tenthrède zonée.

Tenthredo zona, Klug.

Encore une espèce qui attaque les rosiers; elle est moins répandue que les deux dont nous avons parlé.

La mouche est longue d'environ 8 millimètres. Son corps est noir, avec la base des antennes jaunes; l'abdomen a le bord du premier, du quatrième et du cinquième segment, d'un jaune brillant, ainsi que les derniers anneaux. Les pattes sont également jaunes, mais d'une couleur plus pâle. Cette espèce se montre, comme beaucoup de ses congénères, en mai et en août.

La fausse chenille de cette tenthrède, a vingt-

Fig. 29. — Tenthrède zonée.

deux pattes ; elle est d'un vert plus ou moins grisâtre, avec les côtés et le dessous du corps d'une couleur plus pâle. Sa tête est rousse, plus ou moins pâle, avec les yeux noirs ; tout son corps est, en outre, criblé de petits points blancs tuberculeux. Cette larve, lorsqu'elle mange, se tient allongée sur les feuilles des rosiers; tandis que, lorsqu'elle est au repos, elle est contournée en spirale, comme les limaçons appelés *planorbes*. Arrivée à sa grosseur, sa couleur devient plus terne; alors, elle se laisse tomber et se construit une coque avec quelques grains de terre qu'elle gâche avec de la salive.

Les fausses chenilles de la première époque, donnent l'insecte parfait après six semaines de métamorphose; celles de la seconde, ne se changent en nymphe qu'au printemps. C'est une des espèces que l'on élève le plus facilement.

Tenthrède à ceinture.

Tenthredo cincta, Linné.

L'espèce dont nous allons parler, s'éloigne des précédentes par les mœurs de sa larve: elle vit dans l'intérieur des tiges du rosier, dont elle ronge le canal médullaire.

Lorsqu'elle est jeune, elle est d'un gris verdâtre étiolé. Après le premier changement de peau, elle devient d'un vert plus obscur sur le

dos, avec les côtés grisâtres. La tête est forte-
ment pointillée, et l'on aperçoit sur son dernier
anneau, une petite pointe qui doit lui servir à
avancer dans la galerie qu'elle creuse et élargit

Fig. 30. — Tenthrède à ceinture.

à mesure qu'elle grossit, et dans laquelle elle
chemine la tête en bas; nous avons trouvé
jusqu'à six individus à la suite l'un de l'autre
dans la même tige.

La coque est ovale et formée d'une soie
blanche.

La mouche est longue de 8 à 10 millimètres, un peu allongée, noire, avec les pattes ferrugineuses et l'abdomen marqué d'une ceinture blanche, qui, chez un individu qui nous est éclos, était à peu près nulle ou effacée.

La femelle de cette tenthrède, lorsqu'elle est fécondée, fait au commencement de mai, ou même dès la fin d'avril, une petite entaille aux pousses encore herbacées du rosier dans laquelle elle introduit un ou plusieurs œufs. Aussitôt que les petites larves sont écloses, elles pénètrent dans le canal médullaire où elles creusent une galerie descendante, de sorte, que l'on voit d'abord l'extrémité de la pousse se faner, et, successivement, les feuilles placées au-dessous, jusqu'à ce que les larves soient arrivées dans une partie tout à fait ligneuse où rien ne décèle plus leur présence, si ce n'est l'état un peu languissant de la branche. Il arrive quelquefois que le rameau rongé intérieurement se brise au premier coup de vent.

Pour détruire cette tenthrède, il faut, avant la fin de mai, enlever avec soin toutes les pousses de rosier dont le sommet commence à se flétrir, et les couper au-dessous des feuilles malades.

Tenthrède de la rose.

Tenthredo rosæ, LINNÉ.

Il ne faut pas confondre cette mouche avec la mouche à scie, décrite plus haut, qui lui ressemble beaucoup au premier coup d'œil. Elle est un peu plus petite, longue de 7 millimètres environ, d'une couleur ferrugineuse, avec la tête, les antennes et le dessus du corselet noirs, ainsi que l'extrémité des jambes; les parties de la bouche sont blanchâtres.

Les femelles déposent leurs œufs dans une petite entaille qu'elles font à la nervure médiane des feuilles de rosier. Les fausses chenilles ont vingt-deux pattes; elles sont en dessus d'un vert obscur, plus clair sur les côtés et sur le ventre, avec la tête rousse. Lorsqu'elles ont acquis toute leur croissance, elles se laissent tomber et se construisent chacune une petite coque dans la terre. Celles de la première génération, que l'on trouve à la fin de juin ou au commencement de juillet, donnent l'insecte parfait en août; celles de la seconde époque, passent tout l'hiver en terre, et la mouche se montre en mai.

Les fausses chenilles de la tenthrède de la rose, ont une manière de manger qui les distingue facilement des autres espèces propres à cet arbuste. Elles ne dévorent pas les feuilles, comme celles de l'hylotome; elles rongent le parenchyme, en laissant toutes les nervures et l'épiderme d'un côté complètement intacts, de telle sorte, que les feuilles ressemblent à une gaze légère.

Bombyx antique.

Bombyx antiqua, Linné.

On voit voler pendant l'été, mais surtout au commencement de l'automne, à l'ardeur du soleil, un petit papillon de nuit, dont le corps est très grêle. C'est le mâle d'un petit bombyx qui se jette à droite et à gauche pour trouver sa femelle. Ses ailes supérieures sont d'un brun roux, avec deux bandes transversales, sinuées,

d'une couleur plus foncée, et dont l'extérieur,
plus large, se termine en bas par une lunule

Fig. 31. — Bombix antique.

d'un blanc pur. Ses ailes inférieures sont d'un
jaune roux.

La femelle est aptère, ou plutôt, elle n'a que
de très petits moignons d'ailes à peine visibles;
elle est de la grosseur d'une araignée moyenne,
d'une couleur grisâtre.

La chenille est très commune à l'automne sur les arbres fruitiers et sur les rosiers ; elle varie pour la couleur du fond, qui est tantôt d'un gris bleuâtre très pâle, tantôt noirâtre, et quelquefois blanchâtre, avec des poils aigrettés grisâtres implantés sur des tubercules. Le premier anneau offre, de chaque côté, un long faisceau de poils inégaux dirigés en avant, comme des *cornes;* le onzième, offre un faisceau semblable incliné en arrière, le cinquième en présente aussi un de chaque côté. Les quatrième, cinquième, sixième et septième, portent chacun une brosse d'égale longueur, tantôt blanche, tantôt grise, tantôt jaune, souvent rousse, et quelquefois noirâtre. Sur chaque côté du corps, on remarque une rangée de tubercules rouges supportant de petites aigrettes. Sur le dos, entre chaque brosse, sont les incisions noires ; depuis la dernière brosse jusqu'à la queue, le fond devient plus obscur, et présente sur chaque anneau, deux tubercules rouges s'alignant avec ceux de la rangée latérale, et formant une bande demi-circulaire ; les premiers anneaux offrent aussi chacun une bande demi-circulaire semblable. Pour se métamorphoser, cette chenille file une coque blanchâtre, molle, entremêlée de poils.

Les œufs passent l'hiver et éclosent en mai. L'insecte parfait paraît en juin pour la première époque ; mais, à partir du milieu d'août jusqu'en octobre, il est beaucoup plus commun. A cette époque de l'année, il a plusieurs générations successives.

La chenille se nourrit indistinctement de tous les arbres et arbrisseaux ; il y a des années où elle est tellement commune, qu'elle devient un véritable fléau.

Noctuelle psi.

Noctua psi.

Très commune aux environs de Paris, mais beaucoup moins répandue dans les départements du nord et du midi. Elle est d'un gris blanchâtre luisant ; ses ailes supérieures sont marquées de plusieurs traits noirs qui la font reconnaître au premier coup d'œil ; savoir : un longitudinal partant de la base, et ressemblant

à une espèce de fourche, un second, placé vers
le tiers inférieur du bord extérieur de l'aile,

Fig. 32. — 1. Noctuelle psi. -- 2. La chenille.

coupé par une ligne noire sinuée, ce qui lui
donne une certaine ressemblance avec la lettre
psi ψ des Grecs. Ses ailes inférieures sont blan-

chàtres dans le mâle, un peu plus obscures chez la femelle.

La chenille, très commune à l'automne sur les arbres fruitiers et sur les rosiers, est souvent assez nuisible. On en trouve quelquefois huit à dix sur la même branche.

Elle est en dessus, d'une couleur noirâtre, avec une éminence conique, charnue, de la même couleur placée sur le quatrième anneau et une gibbosité pyramidale sur le onzième. Le long du dos, règne une large bande ordinairement d'un jaune-citron, mais souvent aussi, d'un jaune soufre pâle ou même blanchâtre. Cette bande est interrompue par l'éminence conique, en avant de laquelle elle se continue seulement sur le second et le troisième anneau. Le dernier anneau offre aussi une tache jaune en arrière de la bosse du onzième. Au-dessous de la partie noirâtre, on voit des tubercules noirs supportant des poils assez fins, et des traits rouges groupés deux par deux sur chaque anneau, et séparés l'un de l'autre par quelques petits atomes bleuâtres. Au-dessous de la partie noirâtre, les côtés sont d'un gris cendré plus ou moins clair, lavé d'une petite teinte rosée. La tète et les stigmates sont noirs.

Parvenue à sa grosseur, cette chenille file sa coque dans les gerçures des écorces ou entre quelques feuilles sèches.

La chrysalide passe l'hiver, et le papillon éclôt depuis la fin de mai jusqu'au mois d'août.

Lorsque la chenille du Psi se montre sur les rosiers, etc., il faut la prendre et l'écraser. Elle est très visible, et d'autant plus facile à trouver, que sa couleur est bien tranchée.

Pyrale de Bergmann.

Tortrix Bergmanniana, LINNÉ.

Cette pyrale est un ennemi très redoutable pour les rosiéristes. Sa chenille vit sur presque toutes les variétés de roses ; elle cause de très grands dommages et nuit beaucoup à la floraison de ces arbustes. Elle se tient à l'extrémité des jeunes pousses, entre les feuilles qu'elle roule et lie avec quelques fils de soie ; placée dans ce paquet, dont elle augmente la dimension à mesure que la végétation se développe, elle ronge tranquillement les feuilles tendres et les boutons qui commencent à se former. Il arrive souvent, qu'elle ne mange qu'une partie

Fig. 33. — Pyrale de Bergmann.

du bouton, et qu'elle laisse le pédoncule intact ; dans ce cas, on n'a que la moitié ou le tiers d'une rose.

A la fin d'avril, on commence à s'apercevoir de la présence de cette chenille ; elle croît assez rapidement; vers les derniers jours de mai, rarement plus tard, après avoir changé plusieurs fois de peau, elle arrive à sa grosseur. Elle est assez allongée, d'un vert jaunâtre ou d'un vert clair, avec quelques petits poils clairsemés; sa tête et ses pattes écailleuses sont noires. On voit aussi, sur le dos du premier anneau, un écusson d'un brun noir divisé en deux par une petite ligne.

Pour se métamorphoser, elle tapisse l'intérieur de son habitation avec un peu de soie, et, au bout de quatre à cinq jours, elle est changée en chrysalide. Celle-ci est brune et munie sur le bord de chaque anneau, de deux rangées de petites épines qui lui servent, comme aux espèces voisines, à s'avancer à l'extrémité de sa demeure, lorsque le moment de l'éclosion approche.

Le papillon éclôt à la fin de juin ou dans les premiers jours de juillet; on le voit, à cette époque, voltiger autour des rosiers le soir après le coucher du soleil.

Il est un peu plus petit que la pyrale de la vigne : il a environ 15 millimètres d'envergure.

Ses ailes supérieures sont jaunes, finement réticulées de brun roussâtre, marquées de trois raies transversales métalliques, couleur de mine de plomb, ou comme argentées. Ses ailes inférieures sont noirâtres.

Avec un peu de vigilance, on peut détruire une grande partie des chenilles de cette pyrale, soit en entr'ouvrant les feuilles réunies, soit même en pressant les feuilles avec les doigts pour les écraser dans leur domicile.

Les œufs sont pondus isolément au mois de juin ou de juillet, à la base des rameaux ; assez généralement ils passent l'hiver et éclosent au printemps ; dans les années chaudes, il y a une seconde génération dont le papillon paraît en septembre.

Puceron verdâtre.

Ce puceron envahit les jeunes pousses des rosiers. Je n'ai pas besoin de le décrire, car tout le monde le connaît, mais on trouvera dans l'*Entomologie horticole* du docteur Boisdu-

val [1], des détails très intéressants sur la nature
et les mœurs de cet animal.

M. Forney conseille pour le détruire, l'asper-

Fig. 34. — Ichneumon circonflexe.

sion avec un mélange de suie et une dissolution de savon noir très étendue d'eau ; il préfé-

1. Un vol. in-8°, orné de 120 figures dans le texte
Prix : 6 fr., *franco*. — Auguste Goin, éditeur.

rerait la décoction de tabac, mais il en trouve l'emploi trop coûteux. Je répondrai à cette objection, que l'administration des tabacs livre à très bas prix des déchets de fabrication, et qu'il suffit, pour en obtenir, de produire un certificat du maire de la commune que l'on habite, attestant que le tabac que l'on demande est pour l'usage des cultures.

Le tabac employé également en fumigations au printemps, est très bon pour détruire les mères avant leur ponte.

Les pucerons ont deux ennemis redoutables, les *fourmis* qui sont très friandes du suc qu'ils sécrètent, et un très petit insecte, l'*ichneumon*, qui dépose ses œufs dans l'abdomen des pucerons et dont les larves qui en proviennent vivent et se développent aux dépens des pucerons qu'elles tuent.

Kermès du rosier.

Chermes rosæ. BOUCHÉ.

Cet insecte a l'aspect d'une pellicule de son grisâtre, appliquée sur l'écorce des tiges et des

Fig. 35. — 1. Kermès du rosier ; 2. Sa larve grossie ;
3. Rosier envahi par le kermès.

branches des rosiers, dont il aspire la sève par le trou qu'il fait avec sa trompe.

Pour détruire les kermès, il faut frotter les parties qui en sont atteintes avec une brosse dure, trempée dans une dissolution de tabac et de savon, et écorcer légèrement avec la serpette les petits points chancreux produits par les piqûres de cet insecte.

M. Lachaume propose d'engluer les branches avec un mélange de poix et d'huile à brûler, pour asphyxier les kermès et empêcher les migrations des autres insectes. Malgré les affirmations de cet auteur, qui prétend que ces engluements complets des tiges et des branches n'ont en rien nui à la végétation des arbres et arbustes sur lesquels il les a pratiqués, j'engagerai les amateurs à n'employer ce moyen qu'avec une extrême prudence, parce que la *perspiration* ou *transpiration insensible* par les pores des branches, pour insensible qu'elle soit, n'en est pas moins évidente, et qu'elle doit être gênée par les enduits imperméables qu'ils soient huilo-résineux, comme celui qu'indique M. Lachaume, ou que l'on se serve du goudron comme je préférerais le faire en pareil cas, mais seulement sur des points restreints.

Fourmis.

Formica. LINNÉ.

Friandes, comme je l'ai dit, du suc que sécrètent les pucerons et des excréments des kermès, le suc acide (*acide formique*) qu'elles sécrètent dans leur va-et-vient sur le jeune bois, peut être très nuisible.

En plaçant de petites bouteilles d'eau miellée, on attirera les fourmis qui se noieront dans les fioles, mais il est beaucoup plus important de détruire les animaux qui les attirent; en tous cas, il serait plus simple, pour les empêcher d'envahir les rosiers, de badigeonner tous les matins le pied des tiges, à 5 ou 10 cent. du sol, avec du goudron rendu moins siccatif par son mélange avec un peu de savon noir ou avec de l'huile commune.

Chenilles.

Il y a de véritables *chenilles*, larves de papillons variés, qui s'attaquent aux feuilles et aux jeunes pousses des rosiers. On les trouve le matin et le soir après le coucher du soleil, dans des feuilles plissées et fermées comme les feuillets d'un livre entr'ouvert. On peut en toute sécurité écraser ces feuilles entre les doigts, certain d'y tuer, si les chenilles n'y sont plus, de petites araignées ou toute autre vermine qui viennent y chercher un abri.

Cétoine dorée (hanneton de la rose).
Cetonia auroeta. FABRICIUS.

On trouve cet insecte au centre des roses épanouies et des pivoines, il ne paraît nui-

Fig. 36. — Cétoine dorée.

sible que parce qu'il détruit les étamines des fleurs que l'on réserve pour graines.

Il en est de même de la *cétoine stictique* qui est plus petite, noirâtre et piquetée de blanc, mais qui semble avoir une préférence marquée pour les étamines des poiriers.

Cynips du rosier.

Cynips rosæ.

Cet insecte introduit ses œufs sous l'écorce de l'églantier sauvage, et sa piqûre produit des touffes moussues d'un effet singulier, une sorte de galle de la grosseur d'une nèfle, désignée autrefois dans les pharmacopées sous le nom de *bédéguar*, formée d'une infinité de petits filaments qui se teintent de rouge et de jaune à l'automne. Il faut arracher et brûler ces galles pour détruire la larve qu'elles contiennent.

§ 2. — Insectes utiles.

Carabe doré.

Carabus auratus.

Cet insecte, appelé vulgairement *jardinière* ou *couturière*, est d'un joli vert doré avec corselet à reflet cuivreux : il est carnivore, il se nourrit exclusivement de limaces, de lombrics (vers de terre) et d'insectes, on ne saurait donc trop le respecter, ainsi que le *carabe noir* ou

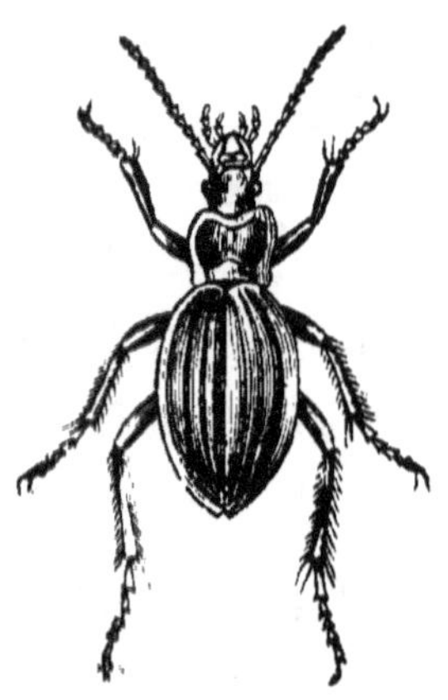

Fig. 37. — Carabe doré.

sycophante, autre coléoptère de même taille que le précédent, mais dont le corps est noir un peu cuivreux.

J'en puis dire autant du *procuste coriace* qui ressemble beaucoup aux deux carabes dont je viens de parler, mais qui en diffère, parce qu'il est plus gros et d'un noir mat et rugueux.

Coccinelle à sept points.

Coccinella septempunctata. LINNÉ.

La *coccinelle*, appelée vulgairement *bête à bon Dieu*, que tout le monde connaît, est très friande des pucerons, mais bien plus à l'état de larves qu'à l'état parfait. La femelle pond

Fig. 38. — Coccinelle et sa larve.

ses œufs jaunes, oblongs, dans les endroits où il y a des pucerons. Écloses au bout de huit à dix jours, les larves ont le corps aplati, formé de douze anneaux plus ou moins rugueux et six pattes près de la tête. Ces larves font des pucerons leur nourriture exclusive.

Mouche syrphe.

Cette mouche a la forme d'un taon; sa larve se nourrit de pucerons.

Si j'ai donné autant de développement à cette dernière partie qui traite des maladies des rosiers et des insectes qui leur sont nuisibles, c'est dans la pensée que ces renseignements seront utiles à un grand nombre d'amateurs qui n'ont ni le loisir de s'occuper de la plantation ou de la taille, ni celui de faire des greffes ou des boutures, mais qui, dans leurs promenades autour des massifs, pourront constater l'état maladif des rosiers et appeler sur ce point l'attention du jardinier.

TABLE DES FIGURES

TABLE DES MATIÈRES

CHAPITRE III.

CHAPITRE IV.

CHAPITRE V.

CHAPITRE VI.

CHAPITRE VII.

CHAPITRE VIII.

CHAPITRE IX.

CHAPITRE X.

Paris. — Impr. E. Capiomont et V. Renault, rue des Poitevins, 6.